2018年度教育部人文社会科学规划基金项目
"幼儿教师核心职业素养养成机制研究"
（项目编号：18YJA880048）项目资助

幼儿园工作清单与活动指导丛书

幼儿教师核心职业素养养成机制研究课题成果

幼儿家长清单养护理论与实务

主编／孙杰 李兴洲

副主编／唐立宁 林振宇 许婷

编委／

潘帅 蔡粤 徐亚楠 龙语兮

苏晓娟 王春天 王浩然 李辉敏

许坤 赵艳艳 王娟

北京师范大学出版集团
BEIJING NORMAL UNIVERSITY PUBLISHING GROUP
北京师范大学出版社

图书在版编目（CIP）数据

幼儿家长清单养护理论与实务／孙杰，李兴洲主编．—北京：
北京师范大学出版社，2021.5
ISBN 978-7-303-26817-7

Ⅰ．①幼… Ⅱ．①孙… ②李… Ⅲ．①婴幼儿－哺育
Ⅳ．① TS976.31

中国版本图书馆 CIP 数据核字（2021）第 025022 号

营 销 中 心 电 话　010-58802755　58800035
北师大出版社职业教育分社网　http://zjfs.bnup.com
电 子 信 箱　zhijiao@bnupg.com

出版发行：北京师范大学出版社 www.bnup.com
　　　　　北京市西城区新街口外大街12-3号
　　　　　邮政编码：100088
印　　刷：天津旭非印刷有限公司
经　　销：全国新华书店
开　　本：889 mm × 1194 mm　1/16
印　　张：11.25
字　　数：178千字
版　　次：2021年5月第1版
印　　次：2021年5月第1次印刷
定　　价：35.00元

策划编辑：鲁晓双　　　　　　　责任编辑：马力敏　赵鑫钰
美术编辑：焦　丽　　　　　　　装帧设计：焦　丽
责任校对：康　悦　　　　　　　责任印制：陈　涛

⭐ 前 言

阿尔弗雷德·诺思·怀特海在《教育的本质》一书里提到了"教育的节奏",包含浪漫阶段、精确阶段、综合阶段。浪漫阶段即通过接触具体的事物,积累事实经验;精确阶段即对事实进行系统的梳理和挖掘;综合阶段即对自己掌握的知识进行系统的分类,展示自己的能力,体验成就感,感受做事的意义和价值,激发动力,从而再次进入这三个阶段的循环之中。孩子的成长即孩子遵循这个循环进入螺旋上升的阶段,从而促使大脑养成"和谐的思考模式"。我们也通过大量的案例观察到孩子从一开始对事物的茫然,到爱不释手,再到探索事物的各种可能性等,体验了浪漫、精确、综合三个阶段的教育内涵。

本书记录了一些家庭生活中常见的场景,通过回顾,提醒家长关注孩子是否有足够的浪漫阶段的积累;家庭执行方案清单的罗列,则是为了提醒家长不仅要满足孩子浪漫阶段的积累,而且要给予孩子在精确阶段和综合阶段展示自我的机会。

我们曾经在"家庭习惯养成计划"的活动中,让每个参与家庭每天记录自己的家庭生活,包括吃饭、起床、整理房间、游戏、看电视或手机、工作等,并每天进行讨论和分析,看看哪些时间安排得不合理;同时,在尊重孩子的能力与生活节奏(参考其年龄与性格特点)的前提下,制定适合自己家庭生活的清单。当然,家庭清单执行起来并不容易,家庭成员首先要改变自己原来固有的习惯,而改变是最不容易的事情。2016年,我们对指导过的家庭做过一次随机回访。回访的内容和本书的内容大部分一致,包括喂养与看护、沟通与交往、家庭环境与习惯养成、积累与成长。虽然我们没有进行系统的数据统计分析,但回访结果也反映了某些现实的情况。

本书的家庭执行方案清单集合了专业的知识、生活的观察、经验的总结,并进行了论证和调整。我们希望那些常识和原理不仅是停留在口头的规则和道理,更能帮助孩子形成"浸透到生命中的思维习惯"。 我们秉承以儿童为中心,传递关注正确的做事方式、关注生命

成长全过程的理念，希望能给家长和托幼教师提供有价值的、简单有效的参考，即清单思维。此外，本书中的案例关注的对象不仅限于 0~6 岁的孩子。这样做的原因是，我们希望家长能够关注到孩子现在的行为和过去的经历有关，并对以后的发展产生影响，因为每一种体验都会存储在生命的历程里，在必要的时候再现。

目　录 ● CONTENTS

模块一　喂养与看护

我们在整理发放给教师和家长的调查问卷时发现，孩子的吃饭问题是教师和家长共同关注的话题。最多的疑问聚焦在以下几方面。

挑食偏食：吃肉不吃菜、吃菜不吃肉或喜欢吃单一食物等。

吃饭速度慢：嘴里含着饭咽不下去。

边吃边玩：吃饭时东张西望、玩手中的勺子。

不喂不吃：自己不能独立进食。

有些孩子存在口唇依恋行为，如吸吮手指、舔口唇等。

本模块针对喂养与看护的问题共提供了 11 个主题。虽然有些主题看似和当下的问题没有直接的关联，如孕期状况、母乳喂养等，但是却和孩子的行为有一定的关系。当然，这些主题并没有涵盖所有的问题，只是聚焦了核心的问题，尝试帮助家长或教师找到孩子出现某种行为的某些原因，并提出可参考的建议。需要说明的是，虽然文中提供了可供参考的执行方案清单，但并不一定适合所有的孩子；虽然从理论上来讲，我们可以从某些原因出发，对其影响某种行为的路径进行分析，但孩子的行为是多方面综合作用的结果，会受到很多因素的影响。针对本模块，教师和家长都需要思考以下几个问题。

孩子的饮食行为受生活中哪些因素影响？

通过什么方式引导孩子，他才容易接受？

根据家庭现有的情况，是否可以设计一个适合家庭的清单？

设计清单时，你需要哪些帮助？

教师应该给予家庭什么样的支持？

⭐ 一、喂养与看护清单要点

表 1.1 是对喂养与看护清单要点的呈现。

表 1.1　喂养与看护清单要点

主题		清单要点	核心价值
（一）孕期状况对孩子的影响		1. 保持良好的情绪 2. 保持良好的生活习惯 3. 保持及时的沟通 4. 保持夫妻间的一致性 5. 进行适当的活动 6. 进行定期检查 7. 保持均衡的营养	生命的质量始于最初的形成
（二）科学喂养	1. 母乳喂养是孩子一生幸福的基础	（1）坚持母乳喂养，丈夫是第一支持者 （2）寻求专业支持 （3）掌握必要的母乳喂养的技巧 （4）不要频繁地更换看护人和居住场所 （5）注意喂养时的情绪和态度	母乳喂养是孩子建立信任感的基础
	2. 长期使用奶瓶或安抚奶嘴对孩子的影响	（1）掌握喂养规律 （2）奶瓶不是孩子的必需品 （3）让 4 个月的孩子尝试使用杯子喝水 （4）不要用安抚奶嘴来安抚孩子 （5）添加辅助食品 （6）坚持抚触	不当的满足会影响孩子成年后的习惯

主题		清单要点	核心价值
（二）科学喂养	3.过度喂养会影响孩子的自信心	（1）给予孩子一定的吃饭自由 （2）控制零食 （3）尊重个体差异 （4）培养孩子吃饭时的专注力 （5）让孩子在固定的地方吃饭，不要追着喂饭 （6）让孩子自己吃饭 （7）鼓励孩子积极参与做饭的过程	过度喂养会影响孩子的自我判断力
	4.过度依赖营养品和药物对孩子的影响	（1）坚持母乳喂养 （2）给孩子穿衣要适度 （3）让孩子经常活动 （4）寻求专业支持 （5）相信科学，耐心等待 （6）找到保证孩子身体健康的最有效的方式	均衡的营养、日常的锻炼是身体健康的基础
	5.正确认识孩子要求自己吃饭和拒绝喂饭的行为	（1）有目的的准备 （2）尊重孩子的习惯 （3）面对孩子的独立要求要有耐心 （4）掌握协助的技巧	自己吃饭是独立能力和自我管理能力发展的开始
（三）科学看护	1.正确认识婴儿吃手和咬玩具的行为	（1）坚持母乳喂养 （2）满足孩子的味觉要求 （3）满足孩子的生理需求 （4）有效引导 （5）有效纠正	控制环境，不要控制孩子
	2.孩子长大后为何口齿不清或说话不完整	（1）及时添加辅助食品 （2）丰富孩子的口腔刺激 （3）锻炼孩子的口腔肌肉力量 （4）让孩子用杯子喝水 （5）让孩子自己吃饭 （6）听孩子把话说完	良好的饮食起点也是发展语言表达能力的关键

续表

主题		清单要点	核心价值
（三）科学看护	3. 手套与脚套的利弊	（1）让孩子的手露在外面 （2）定期给孩子剪指甲 （3）夜间不要给孩子戴脚套 （4）提供用手触摸的机会 （5）丰富孩子的脚底体验	有些物品不是真正的必需品
	4. 抱孩子的方式对孩子的影响	（1）给孩子独立的活动时间 （2）避免摇晃或拍打孩子 （3）不要抱着孩子睡觉 （4）体验不同的抱姿	不经意的干扰会给孩子造成困扰或伤害
	5. 不同包裹方式对孩子的影响	（1）让孩子穿合适的衣服 （2）科学地包裹孩子 （3）不要长时间抱着孩子 （4）允许孩子自由活动	自由活动让孩子更快乐

★ 二、孕期状况对孩子的影响

生命的质量始于最初的形成，并将伴随孩子的一生。很多研究已经证实，母亲孕期的生理和心理状态、行为举止等对胎儿有直接的影响。美国杜克大学医学中心妇产科系及精神行为卫生系助理教授、妇女健康项目总监黛安娜·L.戴尔（Diana L.Dell）在她的研究中指出，母亲孕期不良的生理、心理状态以及外界的不良环境等都可能影响胎儿生存的宫内环境，以至于影响胎儿组织和器官的发育，导致成人后一些慢性疾病的发生。

英国一项研究追踪调查了数千名在产前或产后患有抑郁症的妈妈，研究人员重点观察了这些妈妈的孩子长大后的情况。结果显示，当这些孩子18岁时，他们患上抑郁症的概率要比其他同龄人高。[1]日本科学家在对大阪国际机场的噪声污染情况进行调查研究后指出，噪声的刺激还可能引起母体神经细胞的改变，继而影响胎儿神经系统的正常发育。[2]我国的统计调查发现，如果孕妇在怀孕的中期、晚期睡眠不好，那么孩子出生后可能会有不同程度的睡眠障碍。可见，母亲孕期的精神状态对孩子的发育有直接的影响。因此，做好充分的孕前准备和孕期保健，有利于保证孩子生命的质量。

（一）生活中常见的场景

第一，孕妇经常担心胎儿发育的问题，常常处于焦虑状态。

第二，孕期工作压力比较大或家庭氛围不和谐等。孕妇长期在这种环境中容易导致精神状态差、情绪不稳定。

第三，孕妇不喜欢活动或者活动量少，有时担心活动量太多会引发流产等。

第四，孕妇有挑食或偏食的习惯，长期依赖营养品，不注意均衡饮食的重要性，并经常担心自己营养不良，会对胎儿产生影响。

第五，孕期不良的生活习惯。比如，经常熬夜，喝浓的咖啡或茶等刺激性较强的饮品，喜欢玩惊险刺激的网上游戏或看惊险刺激的电影等。

第六，孕妇经常担心孩子出生后的养护和教育问题。

第七，丈夫工作比较忙，没有时间陪伴妻子或忽略和妻子的沟通，导致孕妇有情绪。

（二）不当的方式可能对孩子造成的影响

第一，心理脆弱。孕期长期焦虑，可能会对孩子未来的性格有一定的影响，使孩子易焦虑和缺乏安全感。

---

① Rebecca M. Pearson, Jonathan Evans, Daphne Kounali, et al., "Maternal Depression During Pregnancy and the Postnatal Period Risks and Possible Mechanisms for Offspring Depression at Age 18 Years," JAMA Psychiatry, 2013(12), pp.1312-1319.

② 陈雅芳、严碧芳、蒋梅珠：《优生咨询与指导》，30页，上海，复旦大学出版社，2015。

第二，社会适应性不良，不知道如何和他人相处。

第三，免疫力低下，经常容易生病。

（三）执行方案清单

1. 保持良好的情绪

在孕期，受激素的影响，再加上身体的变化，很多孕妇的性格和情绪会有很大的改变。这个时候，孕妇除了需要自我调整以外，更需要丈夫的支持和理解。作为妻子，孕妇要清楚地知道，在生活中无论发生任何问题，第一求助人就是丈夫。让丈夫积极参与到孕期生活中来，和丈夫分享孕期的感受，以便使丈夫真正帮助到自己，不要让丈夫猜测自己的需要。有效的沟通是保持良好生活状态的最好方式，这对于未来营造良好的家庭氛围也很重要。

2. 保持良好的生活习惯

保持良好的生活习惯，也就是说，孕妇要规律地生活。简单地说，就是做到"三固定"：固定的时间、固定的方式、固定的事情。比如，按时吃饭、按时睡觉，每天在固定的时间做一些运动或阅读一些书籍等。这种规律的生活对于有了孩子的家庭生活习惯的养成有重要的作用。

3. 保持及时的沟通

夫妻之间随时的沟通很重要。丈夫要及时了解妻子的需要和感受，给予妻子需要的支持。陪伴妻子度过孕期生活即陪伴生命一起成长，这对于未来家庭关系的建立和孩子的养育有非常重要的作用。

4. 保持夫妻间的一致性

夫妻之间要培养共同的兴趣和爱好，如一起听音乐、读书、交流、做简单的运动等。这样既利于孕妇调节情绪，又是一种生活方式。但孕妇也要合理地安排自己的生活，不能过度依赖丈夫。

5. 进行适当的活动

进行适当的活动可丰富自己的生活。一方面，可以减轻怀孕带来的不适；另一方面，对胎儿的发育有良好的作用。活动的强度以自己不感觉到疲劳为宜。孕妇最好有自己的活动计划，固定好每天的活动时间。孕周不同，活动方式也不同。必要时，可听从医生的建议。

6. 进行定期检查

遵照医生的要求，孕妇要按时体检，及时了解胎儿的发育情况，避免出现焦虑的情绪。

如果产检一切正常，就不要担心，不要轻易根据网络上的信息对号入座，增加自己的心理负担。若有疑问，可咨询医生。

7. 保持均衡的营养

科学均衡的饮食是身体健康的基础。坚持荤素搭配、粗细搭配，保证食物多样化、易吸收，避免进食刺激性较强的食物等。根据孕期需要，孕妇可适当补充营养，但不要过分依赖营养品，以免导致营养不均衡或营养过剩。

（四）孩子的行为告诉我们：生命的质量始于最初的形成

生活中有一种现象叫"视网膜效应"。简单地理解就是，当我们拥有某些特征或者需要拥有某种东西时，就会更加关注这些特征或这种东西，也就感觉具有这些特征和拥有这种东西的人多了起来。每一位妈妈怀孕后，都会发现自己的世界发生了很大的变化。首先，怀孕后尤其是有了胎动后，孕妇深深地体会到了一个生命的存在，这会让她身心愉悦，对未来的生活充满期待，这种积极快乐的心情会促进其体内分泌利于胎儿发育的物质；其次，孕妇会特别关注与婴儿相关的所有信息，如养护与教育、婴儿用品等，同时也会关注孩子出生的过程。

很多孕妇也会关注胎教，但孕妇及家人要客观地看待胎教。胎教的最终目的是促进胎儿良好发育，为胎儿提供利于其成长的稳定的内环境。因此，愉快的情绪、均衡的营养及适当的运动等对孕妇来说尤为重要。只有经历过，才能体会到一个母亲的伟大。当面对一个新生命，听到新生儿的第一声啼哭时，我们会忘记所有的痛苦，对新生命的成长充满无限的期待。

⭐ 三、科学喂养

（一）母乳喂养是孩子一生幸福的基础

母乳喂养的优越性已经众所周知，母乳喂养不仅最利于孩子生理的成长，而且有利于母亲身体的康复，还有利于孩子安全感的建立。对于妈妈来说，真正的母爱体验是从抱孩子和母乳喂养开始的。我们形容一件事情做起来比较费力气时经常会说："把吃奶的劲儿都使出来了。"仔细观察，我们就会发现，新手妈妈第一次给孩子进行母乳喂养时，妈妈和孩子都需要付出相当大的努力。经过多次的磨合，妈妈才能慢慢了解孩子的需求，如孩子喜欢什么姿势、吃多少、多长时间吃一次等。这看似简单的行为，是孩子出生后独立完成的第一个动作，并且满足了自己的生理需要。这个过程会给妈妈留下深刻的记忆。正常情况下，新生儿应该和妈妈在一起，这会让孩子有足够的安全感。母乳喂养是母子之间健康依恋关系建立的基础。因此，不管发生什么情况，即便妈妈不能给孩子进行母乳喂养，也要亲自照顾孩子。只有通过日常的照顾，妈妈才能更多地了解孩子的需要，这也是建立亲子互动模式的基础。

1. 生活中常见的场景

（1）当孩子（尤其是新生儿）存在睡眠或喂养方面的问题时，父母或所有的家庭成员都会感到不安。如果大家观念不一致，有时就会引发争吵。这种争吵不仅会影响妈妈的情绪，也会对孩子有不利的影响。

（2）新生儿稍有哭闹，家里人就会认为是母乳不足导致的，急于给孩子添加奶粉。若妈妈缺乏有力的支持，便会信心不足，从而影响母乳的分泌量。这时，母乳喂养很容易变成母乳与奶粉混合喂养，有些妈妈甚至会放弃母乳喂养。

（3）母乳喂养时，妈妈或者不够专注，如看手机或电视、和他人聊天，或者比较着急等。这会影响孩子吃奶的量和次数，进而影响孩子安全感的建立。

（4）对于人工喂养的孩子来说，喂养的过程中任何人都可以代替妈妈。此时，大部分喂养人关注的是孩子能否喝够量，而很少和孩子进行互动，如看着孩子的眼睛、和孩子说说话等，忽略了孩子的心理需要。

（5）虽然知道母乳喂养好，但受奶粉广告或家人、朋友的影响，妈妈认为喂母乳和喂奶粉差不多，或认为喂奶粉更方便。

（6）新手妈妈缺乏丈夫及家庭的有效支持，也是影响成功地进行母乳喂养的因素之一。

2. 不当的方式可能对孩子造成的影响

（1）饮食习惯不良。尤其是人工喂养的孩子，家长有时会给孩子喂糖水，改变了孩子最初的味觉偏好，并使孩子产生味觉依赖，从而养成挑食或偏食等不良的饮食习惯。

（2）人工喂养的孩子长期使用奶瓶，会导致孩子形成口唇依恋，出现如咬口唇、咬指甲等行为，成人后也会变得爱唠叨。

（3）尤其是没有接受过母乳喂养的孩子，一旦生病了，父母常会说孩子体质差。长期这样，孩子的心理也会受到影响。

（4）人际关系不良，不喜欢和他人打交道，缺乏安全感。

（5）容易焦虑，情绪不稳定。

3. 执行方案清单

（1）坚持母乳喂养，丈夫是第一支持者。世界卫生组织和联合国儿童基金会的调查表明，排除病理因素，每个妈妈都有足够的母乳喂养自己的孩子，信心和支持很重要。

从现实情况来看，影响母乳喂养成功的主要因素不是妈妈的技能掌握得不好，而是家庭尤其是丈夫的支持不够。对于新手妈妈来说，精神鼓励大于技术纠正。丈夫的积极参与也是建立核心家庭模式的开始。家庭要尽量减少外界的不当干扰，相信妈妈的母乳一定能够满足孩子的需要，坚信母乳喂养一定能够成功。

（2）寻求专业支持。遇到问题要咨询专业人员，因为不正确的指导也会增加妈妈的负担，妨碍母乳喂养的成功。

（3）掌握必要的母乳喂养的技巧。

第一，早开奶。孩子出生后的半小时内，必须让孩子连续吮吸母乳。

第二，按需哺乳。让孩子和妈妈在一起睡觉，是保证按需哺乳的前提。当孩子睡眠时

间较长或妈妈有涨奶感时，及时喂奶。

第三，妈妈要保证有足够的休息时间，多喝汤水。

第四，妈妈要保持精神愉快，相信自己有足够的母乳。

（4）不要频繁地更换看护人和居住场所。频繁地更换看护人和居住场所会影响妈妈和孩子的生活习惯，不利于母乳喂养的成功。

（5）注意喂养时的情绪和态度。不管是母乳喂养还是人工喂养，喂养人一定要注意喂养孩子时的情绪和态度。同时，喂养过程中要关注孩子的状态，及时回应孩子的需要。注意，回应方式要平静而温和。

4. 孩子的行为告诉我们：母乳喂养是孩子建立信任感的基础

在给孩子进行母乳喂养时，如果妈妈一边给孩子喂奶，一边微笑着抚摸孩子，并和孩子进行有效的沟通，那么孩子会感到很放松；如果妈妈经常焦虑、担心，那么也会影响孩子吃奶的状态，长此以往，造成孩子情绪的紧张。

现实生活中，有的孩子虽然是接受母乳喂养的，但是只有吃奶时才和妈妈在一起，其他时间是被其他代养人看护的；有的孩子接受人工喂养时，家长会特别关注孩子吃奶的量，而不是孩子的需要和感受。这些看似不经意的行为都会对孩子的未来产生一定的影响。从心理学上讲，孩子出生的第一年是建立信任感的关键期，而信任感是通过接受日常生活中的照顾建立起来的，如家长喂养孩子、给孩子换尿布、在孩子哭闹时给予回应等。如果孩子不经常和妈妈在一起，尤其是晚上不和妈妈一起睡觉，很多基本的生理需要都是由他人代为满足的，那么孩子未来的成长将会受到消极的影响。这种消极的影响也许在孩子小的时候并没有明显的表现，但在孩子成年后的 10 年、20 年内往往会表现出来，而且这种影响是不可逆的。

（二）长期使用奶瓶或安抚奶嘴对孩子的影响

3 岁的笑笑总爱流口水，下巴很红还有湿疹。老师问笑笑的奶奶："笑笑是不是一直使用安抚奶嘴，到现在还在使用奶瓶喝水？"奶奶吃惊地问："您是怎么知道的？"

生活中经常有孩子喜欢咬指甲、舔嘴唇等，这些行为和长期使用安抚奶嘴有一定的关系。

世界卫生组织和联合国儿童基金会调查发现，奶瓶不是孩子的必需品。从孩子的生理发育方面来讲，4个月以后的孩子就可以使用杯子喝水了，因为孩子的吸吮能力在4个月后逐渐退化，代替吸吮能力的是孩子主动进食的行为（吃奶需要吸吮，吃饭需要咀嚼，二者是完全不同的动作）。也就是说，孩子口腔肌肉的协调能力及咀嚼能力在慢慢发展，所以，要为孩子提供锻炼这些能力的机会。

家长还需要特别注意，喂奶一定要在孩子清醒的时候进行。有时候，孩子（尤其是婴儿）在吃奶时，吃着吃着便睡着了。这时，妈妈要注意观察孩子。当发现他吸吮的节奏变慢、吸吮的力量逐渐减小时，可以活动一下孩子，如用手轻轻搓揉孩子的耳垂、改变抱他的姿势、有意从孩子嘴中抽出乳头等，给予孩子适当的刺激，让孩子吃饱再睡觉，也就是说，避免让孩子养成含着乳头睡觉的习惯，因为长期含着乳头睡觉会使孩子形成口唇依恋。一般情况下，每次母乳喂养的时间在30分钟左右就可以。一侧乳房被吸吮10分钟左右（一定要连续吸吮）即可排空乳汁的80%。所以，单侧15分钟左右、两侧30分钟左右就可以使乳汁排空了。但是，如果在喂奶的过程中，妈妈用了种种方法后，孩子仍继续睡而不醒，那么也不必勉强弄醒孩子，可以根据具体的情况决定下次喂奶的时间。可以肯定的是，孩子一定不会被饿着，因此妈妈不必担心。

1. **生活中常见的场景**

（1）孩子经常含着妈妈的乳头睡觉，养成了边吃奶边睡的习惯；或者，孩子一整天都在不停地吃奶，没有规律，使得妈妈和孩子都非常疲劳。

（2）孩子使用奶瓶的年龄超过了1岁，家长担心孩子不会用餐具。

（3）家长长期给孩子使用安抚奶嘴。为了让孩子尽快睡觉，给孩子使用安抚奶嘴作安慰物，忽略了孩子真正需要的是爸爸妈妈的陪伴。

（4）外出时为了避免孩子哭闹，家长让孩子含着安抚奶嘴；或者，孩子一哭闹，家长就给他安抚奶嘴，使孩子对安抚奶嘴产生依赖。

2. 不当的方式可能对孩子造成的影响

（1）安静或焦虑时，会咬指甲或有其他不良的口唇习惯（如经常咬嘴唇或吃饭时有声音）。

（2）吃饭时容易吞饭或速度太慢。

（3）口齿不清。语言表达不完整，有时会说半句话或有吞字的现象。

（4）和他人沟通时，会有吸吮口唇的动作或声音。有时口腔唾液比较多，从而影响语言的表达。

3. 执行方案清单

虽然我们分析了长期使用奶瓶和安抚奶嘴的不利方面，但在某些时候，这样的做法也会对孩子有一定的帮助。比如，在父母没有陪伴时，安抚奶嘴可以产生一定的安抚作用，让孩子安静和放松下来。但家长应注意，尽量不要让孩子形成依赖。

（1）掌握喂养规律。掌握母乳喂养的技巧和孩子吃奶的规律（时间和节奏），避免让孩子养成不当的习惯。

（2）奶瓶不是孩子的必需品。最好不要给孩子使用奶瓶。若使用，最好在1岁以内使用，而不要长期使用。

（3）让4个月的孩子尝试使用杯子喝水。因为4~8个月是孩子口腔肌肉和吞咽功能协调发展的关键期，这个时候开始使用，孩子比较容易学会。

（4）不要用安抚奶嘴来安抚孩子。口唇黏膜是触觉比较敏感的部位，过度的满足会使口唇触觉发育不良，甚至会对孩子造成终生的影响。可以通过有效的抚触，帮孩子建立身体触觉的安全感，增加亲子感情，尽量避免使用物品替代家长的陪伴。

（5）添加辅助食品。在孩子4~8个月时，掌握好添加辅助食品的节奏和频率，还要注意辅助食品的质地和数量，以满足孩子口唇黏膜的触觉发展及咀嚼能力发展的需要，锻炼孩子口腔肌肉和吞咽功能的协调能力，这将影响孩子一生的饮食及行为习惯。

（6）坚持抚触。坚持给孩子做抚触，这是非常有效的亲子互动方式；同时，增加孩子的身体触觉刺激，减少孩子的焦虑情绪，也是帮孩子建立安全感的有效方法。抚触的方式有很多种，面对不同年龄的孩子，可以运用不同的方式。6个月内，可以进行秩序抚触；

6 个月以上，可以进行局部和全身按摩。另外，日常运动如爬行、翻滚等都是很好的触觉锻炼。适度的触觉锻炼可以让孩子安静、放松，自然减少了对安慰物的依赖。

4. 孩子的行为告诉我们：不当的满足会影响孩子成年后的习惯

生活中的调查发现，大部分家长给孩子使用安抚奶嘴的理由是让孩子保持安静或晚上睡觉睡得比较踏实。但家长忽略了一个重要的因素，就是孩子在不饥饿的情况下，哭闹或发脾气是因为需要父母的陪伴，而非需要一件物品。如果长期使用安抚奶嘴替代父母的陪伴，那么孩子健康的依恋关系的建立就会受到影响。比如，在幼儿园，有部分孩子在和其他小朋友发生争执的时候，会有咬人的行为，这和孩子长期使用奶瓶和安抚奶嘴也有一定的关系。4~8 个月是孩子口腔肌肉和吞咽功能协调发展的阶段，如果孩子没有得到及时的锻炼，那么孩子的口腔肌肉功能可能无法协调发展，也就是说，分泌的唾液不能导致食物被及时吞咽。另外，口唇黏膜是触觉比较敏感的部位，如果过度满足，就会使孩子形成口唇依赖，影响其成年后的行为习惯，如有咬指甲、睡觉时有吸吮的动作、口齿不清等表现。

（三）过度喂养会影响孩子的自信心

一个人的自我评价源于对自己内在的认知，也就是身体内在的感觉。这种内在的感觉帮助每个人客观地看待自己的能力与需求。从生理上讲，这种能力的发展是从吃饭开始的，也就是说，自己能吃多少饭，只有自己最清楚。以我们成人为例。如果你只能吃一碗饭，别人硬说你能吃五碗饭，并且要求你一定吃完，那么你会有什么感觉？一方面，你会有被强迫的感觉，也会有一定的压力；另一方面，你也会思考自己是否真的可以做到，你会质疑自己的能力。若你真的按照别人的要求做了，也许就会感觉到这真的超出了自己的承受能力。同样的道理，如果孩子经常被过度喂养，喂养量超出了他自己真正的需要量，就会导致孩子认为自己需要的比较多，随之而来的就是孩子没有办法确认自己真正的内在需求，从而影响孩子的自我判断力。喂养孩子的原则应该是"吃什么由家长决定，吃多少让孩子自己决定"。但在生活中，我们往往担心孩子会饿着，没有给孩子选择的机会，每次一定要强迫孩子"吃够量"，甚至"吃过量"。

1. 生活中常见的场景

（1）家长担心孩子吃不饱，给孩子冲的奶粉很稠，认为只有这样，孩子才能吃够量。有的家长要求孩子今天一定要比昨天吃得多。

（2）照着书本上规定的量喂养孩子。如果孩子吃的量不够，家长就会焦虑，担心影响孩子的身高、体重的增长甚至智力的发展。

（3）孩子已经吃饱了，但家长看见碗里还有食物，坚持让孩子把碗里的食物都吃完。

（4）家长急于让孩子赶快吃完，没有给孩子足够的咀嚼时间，一勺接着一勺地喂，并催促孩子快吃、快咽，使孩子没有进行充分的咀嚼就将食物咽下，这样就会造成消化不良及吃过量。

（5）孩子边吃边玩，家长追着喂饭。孩子感受不到自己吃了多少食物，有的孩子一天都在不停地吃东西，没有规律。

（6）家长为了让孩子安静下来，让孩子边看电视边吃饭。这样，孩子很容易吃过量。

2. 不当的方式可能对孩子造成的影响

（1）吃饭时狼吞虎咽，不注意餐桌礼仪。

（2）经常性地过度饮食而引起肥胖。

（3）不会品尝美味，吃饭时不注意营养搭配。

（4）喜欢吃零食，导致营养不均衡。

（5）不知道如何选择自己真正需要的东西，给自己增加负担。

3. 执行方案清单

（1）给予孩子一定的吃饭自由。给孩子选择自己想吃什么的权利，让孩子决定自己吃多少，不要强迫孩子吃饭，否则会增加孩子的胃肠负担。根据孩子的需要喂孩子，偶尔一次不吃或少吃没有关系，家长不用担心孩子会饿着。若孩子饿了，自己就会吃。但是，家长需要帮孩子养成良好的饮食习惯。

（2）控制零食。不要给孩子吃太多的零食，尤其是膨化食品和饮料；即使允许他吃零食，也要遵守一定的规则并且控制好量，避免影响孩子的正餐。

（3）尊重个体差异。不要和他人比较谁吃的多、谁吃的少。

（4）培养孩子吃饭时的专注力。吃饭时，不要让孩子看电视，也不要让孩子边吃边玩，这样不仅会让孩子吃饭的速度变慢，而且会影响其胃肠的消化功能。吃饭需要专注力，同样，生活中的专注力对孩子也很重要。

（5）让孩子在固定的地方吃饭，不要追着喂饭。吃饭时，如果孩子离开餐桌到其他地方玩耍，那么最有效的方式就是把孩子抱回餐桌，而不是追着喂饭。这样的做法会让孩子感觉吃饭时自己必须在餐桌，而不是在其他地方。如果抱不回来，那么家长可以适当采用饥饿的方法。但注意，两餐之间不要给孩子提供有饱食感的食物，如饼干、面包等，防止孩子下一顿饭又不好好吃饭；可以给予他少量的水果和奶，适当充饥。

（6）让孩子自己吃饭。一般从孩子8~10个月开始，就可以让他尝试自己吃饭了。虽然孩子往往会弄得一片狼藉，但他乐此不疲。这也是孩子自我照顾能力发展的开始。

（7）鼓励孩子积极参与做饭的过程。在安全的情况下，3岁以后的孩子可以参与到做饭的过程中来。

4. 孩子的行为告诉我们：过度喂养会影响孩子的自我判断力

过度喂养主要是指给予孩子的能量和相关的营养超过机体的需要，从而导致孩子超重或肥胖。从生理上讲，被过度喂养的孩子的饱食中枢反应迟缓，造成孩子暴饮暴食，影响孩子的身体发育，并会给身体健康带来潜在的危险。

引起过度喂养的主要原因是家长的喂养方式不当，如家长认为孩子只有吃得多才会身体好，或者根据自己认为的量喂养孩子等。

德国学者曾对近万名5~6岁儿童进行了母乳喂养与肥胖之间关系的研究，结果显示，若坚持母乳喂养到6个月，孩子长大后体重超重和肥胖的危险性则会降低。英国学者进行的相似研究也表明，在婴儿出生15周内添加辅助食品，会导致孩子在6~10岁时更容易变胖及体重增加更多。[①]

因此，除了特殊情况，如有临床医学指征表示孩子不符合母乳喂养要求外，最好坚持

---

① 刘爱东、翟凤英、赵丽云：《母乳喂养的研究现状》，载《国外医学（卫生学分册）》，2004（4）。

母乳喂养到孩子4~6个月。对孩子的喂养原则应该是"吃什么由家长决定，吃多少让孩子自己决定"。需要说明一点，家长在为孩子选择食物的时候，一定要注意食物的多样性和营养均衡，保证满足孩子生长发育的需要。

（四）过度依赖营养品和药物对孩子的影响

很多家长受广告宣传的影响，误以为只有让孩子多吃保健品，孩子才能长高，身体免疫力才会增强，学习成绩才能提高。所以，很多孩子每天吃饭前后服用大量的保健品，某种程度上增加了孩子吃饭的压力，减少了吃饭的兴趣。

在现实生活中，我们往往只关注孩子的外在成长，如长高了、长胖了等。其实，孩子的内部器官也在生长发育，如胃肠功能的协调发展、身体免疫力的增强等。孩子在成长的过程中，机体也在通过调节作用，使各个器官、系统协调活动。所以，孩子才能慢慢地适应自己需要的食物和生活的环境。很多家长不了解孩子生理发育的过程及特点，担心孩子营养不良或生病，盲目地给孩子添加了很多不必要的营养品。

1. 生活中常见的场景

（1）家长给母乳喂养期间的孩子吃营养品，尤其是6个月之内的婴儿，认为吃得越早，越能增强孩子的免疫力，越有利于智力发育。

（2）家长一看到孩子打喷嚏、流鼻涕就紧张，赶紧给孩子吃保健品或吃药。

（3）孩子生病后，家长频繁地更换药物或医生，急于寻找"最有效"的治病方法。家长的心情可以理解，但他们忽略了疾病的康复是需要一定的时间的。

（4）让孩子一年四季都处于恒温的环境中，夏天开空调，冬天开暖气，并且室内要有温度计，既不相信自己的感觉，又忽略孩子的身体感受。

（5）害怕孩子吹风感冒，经常给孩子穿很多的衣服，导致孩子一活动就出汗；限制孩子活动，使得孩子错误地认为自己的身体不好。

2. 不当的方式可能对孩子造成的影响

（1）经常懒得动，生活中依赖性比较强。

（2）认为自己本身体质就差，不喜欢参加集体活动，更不喜欢剧烈的活动。

（3）认为自己很多事情不可能完成，缺乏自信心。

（4）受看护方式的影响，经常会有焦虑的情绪。

3. 执行方案清单

（1）坚持母乳喂养。在母乳喂养期间，家长不需要给孩子添加任何的营养品。坚持母乳喂养到孩子 4～6 个月，可以增强孩子的免疫力。同时，注意及时添加辅助食品，均衡的营养是孩子身体健康的基础。

（2）给孩子穿衣要适度。不要给孩子穿太多的衣服，即使在冬天，也不要总认为孩子冷，一定要想想孩子会不会热。因为孩子在清醒状态下，会不停地活动，活动就会产生热量。即便婴儿，也是如此。

（3）让孩子经常活动。除恶劣天气外，家长要经常带孩子走进大自然，让孩子多接触清新的空气和温暖的阳光。经常性的活动可培养孩子积极向上的心态。

（4）寻求专业支持。不要盲目地给孩子补充营养品。若需要，一定要咨询专业人员。另外，孩子身体的抵抗力不是通过营养品培养起来的，而是通过均衡的营养及良好的生活习惯培养起来的。

（5）相信科学，耐心等待。孩子生病后不要过于紧张，紧张的情绪反而会影响孩子的心理健康。现实生活中没有孩子不生病。康复需要一个过程，任何疾病都没有一招制胜的方法。一般情况下，不要频繁地更换药物和医生，因为不同的医生用药习惯不同，药物产生的作用也是需要积累的。频繁地更换药物，反而不利于疾病的康复。

（6）找到保证孩子身体健康的最有效的方式。摄入均衡的营养及进行日常的锻炼是保证孩子身体健康的有效方式，但重在坚持。

4. 孩子的行为告诉我们：均衡的营养、日常的锻炼是身体健康的基础

《2016 年儿童用药安全调查报告白皮书》显示，我国儿童药物不良反应率为 12.5%，是成人的 2 倍，其中，新生儿更是达到了成人的 4 倍。当然这和很多因素有关。儿童营养学家认为，孩子不应滥用营养品，尤其那些功能不明确的营养品，父母最好不要给孩子服

用。只要平时的膳食结构能做到粗细粮结合、荤素搭配，孩子能做到不偏食、不挑食，人体对各种元素的需要就能基本满足。若孩子真的需要额外补充，家长一定要咨询专业机构，不要盲目地进行，尤其不要过量地补充，更不能完全依赖营养品。其实，孩子的身体原本是健康的，如果盲目补充，那么可能会破坏原有身体的内在平衡。人的身体如同一个精密的仪器，并不是所有补充的营养都能被全部吸收，人体的营养素是按照一定比例来吸收的。

（五）正确认识孩子要求自己吃饭和拒绝喂饭的行为

1岁左右的孩子在吃饭时会伸手来夺家长手中的食物，会观察家长的嘴，同时，自己的嘴巴也会有咀嚼动作。孩子的这种行为是在告诉我们，他可以学习吃饭了。这也是孩子要求独立的一种表现。这时候，家长要给孩子机会，把孩子放在稳定的座位或安全座椅上，给孩子穿上防护衣，并准备适合的勺子和碗，让孩子享受自己吃饭的过程。家长可以仔细观察孩子第一次吃饭时的表情，孩子一定睁大了眼睛，非常专注地盯着饭菜。当孩子通过自己的努力吃到第一口饭时，他的表情充满了自豪，感觉自己取得了巨大的胜利。这种成功的体验会激发孩子主动活动的欲望。正是生活中一次次成功的体验，让孩子更加了解自己，也更加自信。

1. 生活中常见的场景

（1）当8～10个月的孩子和家长一起坐在餐桌旁的时候，孩子会用手拉着家长的手，尝试把家长手中的食物放进自己的嘴里。但这时候，家长往往会把孩子的手固定住，不允许孩子动手。

（2）当给1岁左右的孩子喂饭时，孩子执意把头扭向一边，拒绝家长喂，希望自己吃饭，但家长依然会跟着孩子转过去的方向，把饭送到孩子的嘴里。

（3）1岁左右的孩子很执着地拿着勺子自己吃饭，虽然会弄得身上很脏，但孩子乐此不疲。遗憾的是，只有少数家长允许孩子这样做。

（4）家长不允许孩子自己吃饭，担心孩子吃不够量，经常强迫孩子吃饭或者追着喂饭。

2.不当的方式可能对孩子造成的影响

（1）不喜欢自己动手做事。

（2）饮食习惯不良，如挑食、偏食、吞饭等。

（3）吃饭速度很慢，即便长大成人后，吃饭时也会弄得一片狼藉，经常把饭菜弄到桌子上或身上。

（4）不会照顾他人，不知道别人需要什么，有时会给人帮倒忙。

3.执行方案清单

（1）有目的的准备。8 个月的孩子可以尝试用勺子盛东西玩，以锻炼手的控制力及协调性。等孩子 10 个月时，家长可以让孩子试着自己吃饭。

（2）尊重孩子的习惯。开始时，孩子拿勺不分左右手。若孩子使用左手，也不需要纠正。强迫孩子纠正使用左手的习惯，可能会引发孩子的性格及情绪问题。

（3）面对孩子的独立要求要有耐心。孩子开始用勺子时不够熟练，会弄得手上、脸上、衣服上到处都是饭，甚至会摔碎碗或杯子。家长不能剥夺孩子体验的机会，因为这都是孩子成长过程中必须经历的。可以给孩子使用不易碎的碗或杯子，给予孩子锻炼的机会。

（4）掌握协助的技巧。在孩子刚刚学习吃饭的时候，可以让孩子自己吃三分之一，家长喂三分之二；之后，再逐渐过渡到孩子自己吃饭。若坚持下去，孩子到一岁半左右就可以自己吃饭了。会吃饭是孩子自我照顾能力的体现。

4.孩子的行为告诉我们：自己吃饭是独立能力和自我管理能力发展的开始

生活即教育，学习吃饭也是对动手能力及专注力的锻炼。孩子成长过程中的任何探索行为都需要被保护，家长不要一味干涉。比如，有时孩子的好奇心与求知欲促使他把饭吐出来，看看是什么东西，然后再抓起来放进嘴里，仔细嚼嚼是什么味道。但如果孩子 2 岁半以后还经常这样，那么，在确定孩子吃得差不多了的情况下，家长可以让孩子离开餐桌，到家里的活动区域去玩耍。反复几次，孩子就会逐渐明白，吃饭就是吃饭，不能拿着饭玩。

⭐ 四、科学看护

（一）正确认识婴儿吃手和咬玩具的行为

4岁的宝宝不喜欢参加集体活动，很多时候喜欢一个人待在某个区域，每当这时，他会习惯地咬指甲。妈妈说这种现象在家庭生活中也很常见，一旦没事干的时候，他就会咬指甲，虽然已经说过很多次了，但每次他都说记住了，行动上却依然没有改进。

对于刚出生的婴儿来说，嘴巴是他认识周围环境时最早使用的、最敏感的通道。婴儿把什么都放进嘴里并不是饥饿的表现，而是在通过嘴巴来认识周围的世界。婴儿通过吸吮自己的手感知手的存在，通过抓握物品逐渐感知手的功能。当婴儿有了适宜的玩具，并处于适宜的环境中时，他会专注于好玩、有趣的活动，吃手的行为自然就会减少。所以，要客观认识1岁之内婴儿的吃手行为，不需要强行制止。只要通过有效的方式合理地满足他，这种不良的行为就不会持续下去。稍大的孩子甚至成年人有吸吮手指或咬指甲的行为，大多是幼年时不当的干预或过度满足造成的。因此，教师和家长都需要了解孩子生理及心理发展的过程，给予孩子合理的引导。

1. 生活中常见的场景

（1）4个月至1岁的孩子吃手或咬玩具时，被家长强行制止。

（2）为了避免孩子吃手或哭闹，家长给孩子安抚奶嘴，或睡觉时让孩子含着安抚奶嘴。

（3）对于孩子吃手的行为，家长不停地说教，部分家长还会打孩子的手，导致孩子精神紧张，有时会强化孩子的吃手行为。

（4）家长长期给孩子吃糊状的食物，给1岁以后的孩子吃过于精细的食物，导致孩子口腔黏膜触觉刺激单一，孩子通过吃手或者咬玩具来满足口腔黏膜的触觉要求。

2. 不当的方式可能对孩子造成的影响

（1）在婴儿期（1岁之前）被完全阻止吃手的孩子，长大后常常会有易焦虑、多疑、敏感、胆怯的特点。

（2）面对新的环境，无法积极地适应，表现得不自信。

（3）有不良的口腔习惯，如吐舌、咬唇、咬物、用口呼吸、偏侧咀嚼等。

3. 执行方案清单

（1）坚持母乳喂养。坚持纯母乳喂养4~6个月，有利于孩子和家长建立健康的、安全的情感依恋关系，使孩子1岁后吃手的行为减少。

（2）满足孩子的味觉要求。注意4~8个月时添加的辅助食品的质地和数量，以满足孩子口欲发展的需要。避免长期给1岁后的孩子吃泡饭或过于精细的食物。避免口腔的过度满足（如全天叼着安抚奶嘴）等。

（3）满足孩子的生理需要。在孩子的口欲关键期，合理满足孩子的口腔需求，允许1岁以内的婴儿吃手或咬玩具。给孩子准备简单而丰富的环境，如一定数量的玩具和活动区域，满足孩子早期探索的需要，让孩子专注于更加有意义的活动。

（4）有效引导。家长不要刻意或不恰当地制止吃手或咬玩具的行为，因为这样反而强化了这种行为。可以采取转移孩子的注意力或丰富孩子的活动等方式，满足孩子的触觉发展需要。尽量减少造成孩子精神紧张的因素出现，如频繁地更换看护人和居住环境等。

（5）有效纠正。若1岁以后，特别是1岁半以后，孩子还经常吃手或咬玩具，家长就应提起注意。但要注意纠正的技巧，首先要分清是什么原因造成的，其次根据不同的原因，采取不同的方法。

第一，喂养方式不当。要注意改变孩子的饮食方式，注意食物的质地（软硬兼有）和数量（提供多种食物），使孩子能充分地锻炼口腔的咀嚼能力。

第二，长期使用安抚奶嘴。除了注意食品的质地和数量外，这种情况可以通过口唇游戏慢慢纠正，如引导孩子做慢慢地吹蜡烛的动作、用力吹气或吹纸屑。家长也可以跟孩子一起玩口腔游戏（如弹舌），通过各种方式促进孩子口腔触觉的发展。

第三，手的活动经常被限制。可让孩子多动手，做各种触觉活动，如触摸不同质地、不同形状、不同温度的物体等。同时，给孩子做身体的抚触，有吃手、咬玩具行为的孩子大多有不同程度的身体触觉发育不良。家长经常给予孩子身体抚触可以有效改善这种情况。

4. 孩子的行为告诉我们：控制环境，不要控制孩子

在孩子的成长过程中，家长应给孩子提供安全、适宜的环境，并在保证安全和遵守规则的前提下，允许孩子按照自己的方式做事情。当有了安全、适宜的环境和材料时，孩子就会专注于自己的事情。若我们一味地强调纠正和控制，不仅会影响孩子的心理健康，而且会使孩子养成不好的习惯。心理学家弗洛伊德的研究证明，0~1岁是孩子口欲发展的关键期。婴儿在早期吸吮手指可以满足口欲期的要求，降低口腔黏膜的敏感性；同时，婴儿早期的吃手行为也象征着自我认识的开始。咬玩具和吃手道理相同，都是婴儿早期学习和探索的特殊行为，是婴儿大脑发育、心理发育的需要。随着孩子年龄的增长，大约8个月以后，由于手的灵活性、触觉敏感性有了很好的发展，孩子吃手、咬玩具的行为会自然减少。

（二）孩子长大后为何口齿不清或说话不完整

在日常生活交流中，我们发现有些人说话时口齿不清，或者该说一句话时只说半句。有时，我们会认为这是先天因素造成的。其实，这种行为很多时候和婴幼儿时期的养育方式有一定的关系。如果在口腔肌肉协调发展的关键期，孩子的口腔肌肉没有得到足够的锻炼，就会影响孩子口腔肌肉的灵活性，最终导致成人后说话时口腔肌肉易疲劳，出现口齿不清或说半句话的现象。

1. 生活中常见的场景

（1）当4个月的孩子用杯子喝水时，孩子会弄湿衣服，但他会努力地调动口腔肌肉的所有功能，不让水流出来。但现实中，只有少数家长会让4个月的孩子用杯子喝水。

（2）6个月以上的孩子会积极地用双手捧着杯子喝水，但很多时候家长不允许，担心孩子把杯子摔了或把水弄洒了。

（3）添加辅助食品过晚。孩子8个月后，家长既没有根据孩子的需要掌握好添加节奏，也没有注意到食物的质地和数量。

（4）孩子1岁半以后还在吃特别精细的食物，尤其是糊状食物。

（5）孩子3岁以后，家长还在喂饭。

（6）孩子已经长牙了，家长还要把水果打成果汁或切成很小的块，担心孩子嚼不烂。

（7）家长和孩子说话时使用重叠语，如吃饭饭、坐车车、拿勺勺等。

（8）家长认为孩子说不清楚，经常替代孩子说话，孩子没有说的机会。

2. 不当的方式可能对孩子造成的影响

（1）由于口齿不清，一句话经常被迫重复多遍，导致孩子不愿意在人多的地方说话。

（2）说话时经常说半句，容易引起他人理解上的误会。

（3）有不同程度的口吃。

（4）不善于和他人沟通。

3. 执行方案清单

（1）及时添加辅助食品。给4～6个月的孩子添加辅助食品，最晚不能晚于7～8个月。

（2）丰富孩子的口腔刺激。注意添加的辅助食品的质地，如食物的软硬、脆面等。就拿水果来说，如苹果、香蕉、橘子等，虽然都是水果，但每种水果的果肉口感不同，有的有核、有的没有核等。孩子吃整个水果，不仅可以感受味道，锻炼口腔肌肉，而且有助于形成对水果的认知。

（3）锻炼孩子的口腔肌肉力量。在保证安全的情况下，让孩子吃块状的肉、啃骨头等，吃多次咀嚼的蔬菜，如芹菜、豆角等，以充分促进孩子口腔肌肉和吞咽功能的协调发展。

（4）让孩子用杯子喝水。4个月后的孩子逐渐不用奶瓶，练习使用杯子；1岁以后的孩子不要再用奶瓶。可以使用吸管杯喝豆浆、果汁等，因为孩子使用吸管时需要闭上嘴巴用力，这也是一种对面部及口腔肌肉的锻炼。

（5）让孩子自己吃饭。孩子自己吃饭时，经常会发生饭粒、菜叶等粘到嘴边的情况，这时，孩子会用舌头去舔。此外，孩子还会用舌头舔勺子。这些动作都会锻炼孩子的舌头和面部肌肉的力量。

（6）听孩子把话说完。不管孩子说什么，家长都要专注地听孩子把话说完，不要替代孩子说话，更不要打断孩子说话。与婴儿对话时，要用夸张的口形、清晰的声音、缓慢的速度，但要注意，应该使用正确的成人语言。孩子的语言是通过模仿学习的，因此，家长正确的

示范最重要，这也是清单强调的核心。

4. 孩子的行为告诉我们：良好的饮食起点也是发展语言表达能力的关键

从生理发展的特点来看，我们吃饭时和说话时使用的口腔肌肉几乎是相同的。我们可以仔细感受一下吃一块肉时舌头、口唇、脸颊等处的动作，再慢慢感受一下说话时这些部位的动作，这样就可以更好地理解吃和语言表达的关系。在婴幼儿时期，添加辅助食品不及时、质地不丰富、数量不够，都会影响孩子口腔肌肉和吞咽功能的协调性，使肌肉力量缺乏锻炼，影响孩子的语言发育。4~8个月是味觉发展的关键期，也是婴儿口腔肌肉和吞咽功能协调发展的关键期。这个年龄阶段的孩子对口腔黏膜的刺激最敏感，他们会把所有的东西都放到嘴里，这既是孩子的主动探索行为，也是孩子锻炼口腔肌肉协调性和肌肉力量，为说话做准备的表现。因此，一定做好婴儿时期辅助食品的添加工作，保证日常生活中食物的多样化，质地、数量要与年龄相符合，一定不能因为怕孩子咳呛或嚼得慢，就让孩子一直吃糊状食物和炖得很烂的食物。表1-2所列的方式供不同月龄孩子的家长参考。

表1-2　不同月龄孩子辅助食品推荐和进食方式参考

月龄	参考内容
6个月	用勺子吃泥状食物
7~9个月	用手拿东西吃，吃糊状或半固体食物
9~12个月	用手拿东西吃，可以咀嚼一口大小的食物
12~18个月	和家人在一起吃饭，并且练习自己吃，可以吃和大人食物一样的稍微碎一些的食物
18~24个月	独立吃饭，食物和大人吃的食物基本一样

（三）手套与脚套的利弊

生活中，家长常担心刚出生的婴儿手脚受凉或担心婴儿可能会抓伤自己的脸，因此给婴儿戴上手套或脚套（袜子）。但家长忽略了一点，手套和脚套里面的线头可能对婴儿造成危害，如长的线头易缠住婴儿的手指或脚趾。我们指导的案例中就有这样一个案例：一个出生15天的新生儿的小脚趾被袜子里面的线头缠住，最后导致脚趾坏死。因此，很多东西并不是孩子的必需品，有的会增加负担，有的会造成伤害。在寒冷的冬天，给新生儿戴上手套可以起到一定的保暖作用，但手套不仅会影响孩子手的主动活动，而且会影响孩子手的触觉感知活动。如果孩子的手暴露在外面，那么家长会自然地经常抚摸孩子的手。不同的人抓握孩子的力量不同，这本身就是和孩子的一种互动交流。同时，孩子手的活动也会得到加强，因接触到身边不同的东西，触觉感知能力得到发展。因此，给孩子戴手套看似是在保护孩子的手，其实对于孩子的成长来说弊远大于利。从现实出发，孩子不喜欢动手或动作比较慢的原因大部分都和婴儿时期的看护方式有关。

1. 生活中常见的场景

（1）孩子出生后，家长担心孩子手凉或担心孩子的指甲划破脸，就给孩子戴上手套。

（2）担心孩子脚凉，就给孩子穿上脚套，甚至晚上也不脱下来。

（3）包裹婴儿时，把孩子的手包裹在被子里，有时甚至会固定在被子里，担心孩子的手会出来。

（4）给孩子穿袖子较长的衣服，把孩子的手藏在袖子里。

2. 不当的方式可能对孩子造成的影响

（1）不喜欢做复杂的动手活动。

（2）动作比较慢，不喜欢做复杂的运动。

（3）自己的东西不知道放在哪里，经常丢三落四。

（4）安静的时候，经常会有小动作。

（5）在没有视觉引导的情况下，单凭手摸，很难判断出熟悉的东西是什么。

3. 执行方案清单

（1）让孩子的手露在外面。不要给新生儿戴手套，长期戴手套会影响孩子手的灵活性。

（2）定期给孩子剪指甲。即使是新生儿也要定期剪指甲，这样就既避免了孩子的指甲划破脸，又保持了孩子的卫生。没有任何科学证明新生儿期孩子不能剪指甲。成人不要用

自己的牙齿咬孩子的指甲，以免引起感染。

（3）夜间不要给孩子戴脚套。即使在冬天夜间，孩子也不需要戴脚套，否则会影响孩子足底触觉的发展及足底反射，导致孩子形成不正确的走路姿势。

（4）提供用手触摸的机会。包裹孩子时，把孩子的手放在外面，这样可以方便家长触摸孩子的手，这也是和孩子的一种沟通。

要经常给孩子提供用手触摸的机会。只要是对孩子没有伤害的东西，都不妨让孩子触摸一下，这样一方面满足了孩子的触觉需求，另一方面锻炼了手的抓握能力。手的抓握是孩子最早学习的运动。

（5）丰富孩子的脚底体验。日常生活中，不要限制孩子的活动。在安全的情况下，让孩子体验多种形式的活动，增加孩子触摸或抓握的机会。比如，在孩子没有穿袜子或鞋子的情况下，让孩子踩踩不同的地板、沙发或床面等。

4. 孩子的行为告诉我们：有些物品不是真正的必需品

在托幼机构里，我们经常看到有些孩子动作比较慢、不灵活，甚至不愿意动手，家长也经常咨询这样的问题。当看到孩子有这种表现时，我们首先考虑是不是孩子的性格特点就是如此，其次，再对应家庭的带养方式。从生理发展的规律来看，4个月到3岁是孩子的触觉敏感期，任何东西他都想亲自动手去摸，任何事情他都想动手去做，孩子通过触摸和抓握了解物体的特点。因此，要给孩子提供触摸各种各样物体的机会，如软的、硬的，热的、冷的，方的、圆的，光滑的、粗糙的，固体的、液体的等。这样的体验既可以促进孩子触觉的发展，又可以发展孩子手眼脑的协调配合能力。

（四）抱孩子的方式对孩子的影响

6个月的亮亮每天晚上还需要妈妈抱他很长时间才能入睡，这让妈妈非常焦虑。通过沟通，我们才知道，亮亮一家和祖辈生活在一起，祖辈不舍得亮亮哭闹，从亮亮出生开始，就一直抱着他睡，并且不停地拍着和摇着亮亮。亮亮已经习惯了这种睡觉模式，若纠正这种习惯，培养安静的睡眠习惯，则需要坚持一段时间，这对妈妈和亮亮来说都是一种挑战。

抱孩子的方式也是父母和孩子的一种互动模式。如果父母经常平静地抱着孩子，温和地和孩子说话，那么孩子也会变得安静而温和；如果父母是急躁的，那么孩子也会变得急躁。面对急躁的孩子，家长就需要花费较多的时间和精力。

1. 生活中常见的场景

（1）无论什么时候，家长在抱孩子时，都会不由自主地摇晃或拍打孩子。

（2）家长经常抱着孩子睡觉，同时不停地摇晃或拍打孩子，认为"不拍不摇不睡觉"。

（3）孩子靠坐在家长身上，家长下意识地不停地抖动孩子，认为这样会让孩子保持安静。

（4）孩子一哭，家长就会把他抱起来，并且不停地摇晃和拍打孩子。孩子越哭，家长摇晃得越厉害。最终，随着孩子月龄的增加，只有较大幅度的摇晃或拍打才能让孩子安静地睡觉。

2. 不当的方式可能对孩子造成的影响

（1）有不同程度的入睡障碍，潜睡期较长。

（2）遇到事情容易急躁和发脾气，有时很不容易安静下来。

（3）有时会有莫名其妙的焦虑感。

3. 执行方案清单

（1）给孩子独立的活动时间。即使是婴儿，也需要独立的活动时间。家长不要长时间抱着6个月之内的孩子，抱一定时间后就要把孩子放在床上，让孩子自己放松一下，给孩子自己活动的时间。

（2）避免摇晃或拍打孩子。抱着孩子时，不要不停地摇晃或拍打。可以给孩子唱儿歌或听舒缓的音乐，跟着节拍轻轻摇摆，孩子就会变得安静温和。

（3）不要抱着孩子睡觉。让孩子自己躺下睡觉，尤其是刚出生的孩子。孩子本来是可以很安静地自己睡觉的，我们不合理的干扰可能会让孩子养成不好的睡眠习惯。

（4）体验不同的抱姿。不同的抱姿可以给孩子不同的刺激，造成不同的影响。搂抱可以让孩子感觉到很安全，并且方便孩子和家长进行更多的交流；骑跨抱可以刺激孩子前庭

觉及视觉的发展；坐抱和搂腿抱可以扩大孩子的视觉范围，同时锻炼孩子下肢和腰部肌肉的力量，为爬行和行走做准备。家长也可以根据自己的方式抱孩子，主要目的是丰富孩子的日常生活，体验不同的活动带来的不同感受。注意，动作和节奏要缓和。

4. 孩子的行为告诉我们：不经意的干扰会给孩子造成困扰或伤害

也许大家对"摇晃婴儿综合征"有所了解，它指的是因持续摇晃而对婴儿脑部造成损害。由于婴儿颈部肌肉尚未完全发育，没有固定头位置的能力，所以，不管有没有和别的物体发生碰撞，猛烈的摇晃均会使大脑组织不断撞击颅骨，可能造成颅内出血、眼内出血等。瑞士一项对婴幼儿的蓄意脑损伤的调查发现，每10万个新生儿中就有十几个摇晃婴儿综合征患者。通过5年监控得到的数据显示，责任人中大部分为男性。

大部分父母希望通过摇晃或拍打让孩子停止哭闹。其实，孩子的哭闹也是表达需要的一种方式，父母和看护人要对孩子的需要进行判断。如果不知道孩子为什么哭闹，那么最有效的方式就是安静地抱着孩子，让孩子自己慢慢地安静下来。安静地抱着孩子证明家长接纳了孩子的情绪，这也是给孩子传递有效的情绪管理的方式。其实，孩子哭闹不需要拍打，睡前也不需要拍打，孩子被拍打时不容易安静下来，反而哭闹得更厉害，因为家长的拍打让孩子很不舒服。另外，长期摇晃或拍打会影响孩子前庭的发育，造成孩子前庭发育不良。比如，在幼儿园，孩子坐不住、容易发脾气等和日常的看护方式有直接关系。看到这里，家长就可以了解教师在给孩子建立初始档案时，为何会问到家庭看护方式的信息了。需要提醒家长的是，除了不要以剧烈摇晃的方式安抚孩子，更不要在空中抛接孩子、将孩子抛到床上、抱着孩子旋转或倒立等。此外，也要注意儿童的推车及私家车安全座椅的避震和防护，避免一切不恰当或过度的刺激有可能对孩子造成的不利影响。

（五）不同包裹方式对孩子的影响

柔软的小包被会让婴儿感受到温暖和柔和，让他重新体验在母体内温暖的感觉。但若包裹得太紧，则会让婴儿产生错觉，尤其是新生儿，他会以为自己还在妈妈的子宫里，因此会一直睡觉，并不易被叫醒。因此，包裹孩子时要适当宽松一些。评估包裹方式是否科学，家长可以待包裹好后，观察孩子的双腿是否可以在包裹内自由地伸曲，不受任何限制。

1. 生活中常见的场景

（1）用包被紧紧地包裹孩子，把孩子的双手直直地绑在身体两侧，把双腿绷直包得紧紧的。这种包裹方式就是我们常说的"蜡烛包"。长期这样，不仅会影响孩子的肢体活动，而且会影响孩子的呼吸。

（2）家长把孩子的腿脚捆直，担心长成"罗圈腿"或"八字脚"，殊不知"罗圈腿"或"八字脚"和佝偻病有关系，而不是因为没有捆绑腿脚造成的。

（3）家长看到3个月之内的婴儿下肢自然屈曲（这和胎儿在母体的体位有关），便认为孩子的腿是"罗圈腿"。

（4）家长经常包着孩子，孩子的自由活动时间减少。长期被包着的孩子也很容易疲劳。

2. 不当的方式可能对孩子造成的影响

（1）婴儿时期不恰当的包裹方式限制了孩子肢体的活动，导致肢体主动活动减少，影响成年后的肢体协调。

（2）不爱活动，不喜欢充满挑战性的活动。

（3）和同龄人参加同样活动时容易疲劳。

3. 执行方案清单

（1）让孩子穿合适的衣服。即使是新生儿，穿上衣服以后，也会感觉到自己是独立的个体，因为孩子可以不受限制地自由活动。

（2）科学地包裹孩子。包裹孩子时不要包得太紧，更不要捆绑孩子的双腿。既要避免过度牵拉伤害孩子的身体，又要避免限制孩子的主动活动；既要给孩子足够的自由活动时间，又要让孩子感觉到温暖。

（3）不要长时间抱着孩子。抱着孩子的时候，孩子的肢体活动会受限制。从孩子的生理发育特点来看，6个月之内的孩子的自由活动时间应长于被家长抱着的时间。

（4）允许孩子自由活动。在安全的情况下，给孩子准备适宜的环境，让孩子自由活动。

4. 孩子的行为告诉我们：自由活动让孩子更快乐

世界卫生组织和联合国儿童基金会在 1993 年曾提出建议，取消"蜡烛包"，因为传统的蜡烛包会影响孩子的肢体活动，从而影响孩子运动统合能力的发展。在日常生活中，我们发现被包裹了很久的孩子，打开包被后会高兴地活动自己的身体和四肢，同时会用力地伸展自己的身体，伸一个大大的懒腰。在幼儿园阶段，很多孩子不喜欢运动或者在运动中平衡协调性不好，排除孩子的性格特点，大部分也和不当的看护方式有关系。其实，孩子的行为都在告诉我们，他们的身体被限制了，他们很累，希望能放松一下。因此，日常生活中，建议给孩子穿上相对宽松的衣服，以方便孩子自由活动。

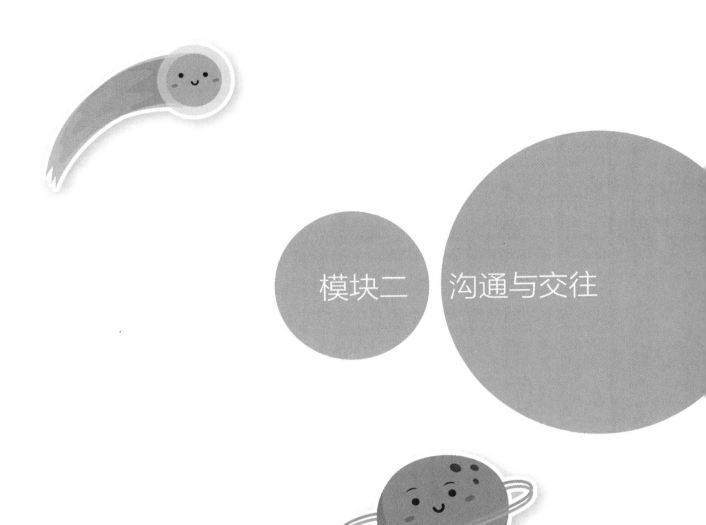

模块二　沟通与交往

我们在调查中发现，不管是家长还是教师，都特别关注沟通。我们也获得了一些数据。比如，有多少人学习过有关沟通技巧的课程（线上与线下的课程）？得到的答案是基本都学习过，有的人还不只学习过一次，但在现实生活中，还是感觉沟通不畅或没有达到自己期待的效果。沟通的方式和技巧也许是我们需要终身学习的东西。在和孩子一起生活与成长的过程中，家长不仅需要为孩子提供精心细致的照护，为孩子提供丰富的物质生活，而且要学会和孩子打交道。孩子所处的成长阶段不同，家长与孩子沟通时运用的方式也不同。沟通最重要的不是内容而是模式，沟通的模式决定了家庭关系的模式，也决定了个体和他人相处的模式。本模块从三个维度提供了沟通的清单要点。我们还是从对婴儿的论述开始，因为和婴儿最初的沟通模式决定了家庭沟通模式。在配套的《幼儿教师清单保教理论与实务》里，我们特别为教师设计了和家长沟通的清单要点，旨在帮助教师站在家长的角度思考问题，让教师引领家长站在孩子成长的角度思考问题。针对本模块，教师和家长都需要思考以下几个问题。

生活中，你回应孩子的方式是什么样的？

这种方式对孩子有没有产生积极的作用，如孩子更愿意和你说话了？

家庭是否保持着一致性，谁是解决孩子问题的主导者？

你是否需要一份家庭沟通清单？

设计清单时，你需要获得哪些帮助？

教师应该给予家庭什么样的支持？

⭐ 一、沟通与交往清单要点

表 2.1 是对沟通与交往清单要点的呈现。

表 2.1　沟通与交往清单要点

主题		清单要点	核心价值
（一）有效的亲子沟通	1.关注孩子的沟通需求	（1）关注婴儿的哭闹 （2）模仿婴儿的发音 （3）采取正确的回应方式 （4）不要用点头或摇头的方式回应孩子 （5）进行故事表演 （6）尊重个体差异	家长的回应模式决定了孩子未来的沟通模式
	2.掌握有效的沟通方法	（1）学会倾听自己 （2）关注孩子在说什么 （3）关注孩子的语言发展特点 （4）有效沟通需要遵守一定的原则 （5）面对孩子的哭闹，要调整好自己的情绪	家长如何听，孩子才会如何说
	3.涂鸦与情感表达	（1）给予孩子足够的空间 （2）给予孩子足够大的纸张 （3）给予孩子足够多颜色的绘画工具 （4）欣赏和展示孩子的作品 （5）分享和讨论绘画作品 （6）激发孩子的想象力与创造力	涂鸦既是孩子情感表达的方式，又是孩子创造力发挥的过程
（二）科学的亲子交往	1.关注孩子的主动交往行为	（1）遵循交换原则 （2）满足孩子的好奇心 （3）引导孩子观察 （4）不要控制孩子 （5）转移孩子的注意力	主动交往锻炼社会适应能力

主题		清单要点	核心价值
（二）科学的亲子交往	2. 关注孩子交往的困惑	（1）给予孩子选择的权利 （2）接纳孩子的感受 （3）示范合作的方法 （4）不要强迫孩子 （5）家长的示范很重要	接纳和理解孩子，才能帮孩子找到交往的智慧
	3. 认识孩子通过"打架"获得的智慧	（1）接纳孩子的感受最重要 （2）了解孩子"打架"的原因 （3）给予孩子正确的示范 （4）和孩子一起讨论 （5）在日常生活中，给予孩子正确的引导	"打架"有时也可以帮助孩子获得交往的智慧
	4. 孩子凭着感觉确认自己的成长	（1）允许孩子尝试自己吃饭 （2）允许孩子重复 （3）对孩子的事情感兴趣 （4）和孩子一同感受快乐 （5）允许孩子做适当的家务 （6）不要限制孩子的活动	每一种体验都会储存在生命记忆中
	5. 日常活动与依恋关系	（1）父母的共同陪伴很重要 （2）有计划地生活 （3）给予孩子高品质的陪伴 （4）培养孩子良好的习惯 （5）关注孩子的个性和特点 （6）保持积极的情绪 （7）保持家庭一致性	安全健康的依恋关系是一切关系的基础
	6. 不当安慰对孩子的影响	（1）走近孩子再说话 （2）注意对第一次摔倒的孩子的反应 （3）尽快结束安慰 （4）安慰的方式应随着年龄的增长而变化 （5）分享自己的经历 （6）允许孩子发泄负面情绪	适当的安慰有利于孩子健康性格的形成

续表

主题		清单要点	核心价值
（二）科学的亲子交往	7.避免标签儿童	（1）尊重孩子的个性特点 （2）不要经常说孩子体质弱 （3）尊重孩子的发展规律 （4）使用积极的语言 （5）不要比较 （6）接纳孩子的逆反 （7）客观冷静地面对孩子的不当行为	避免给孩子任何的标签

★ 二、有效的亲子沟通

（一）关注孩子的沟通需求

跳跳2岁了，相对于同龄孩子来说语言发展缓慢。妈妈和姥姥有点着急，但也理解孩子发展的不均衡性。在跳跳成长的过程中，妈妈和姥姥特别注意和孩子的沟通方式，积极回应孩子的要求，引导孩子多听儿歌、自然界的声音等。跳跳2岁10个月的时候，姥姥兴奋地说："现在跳跳什么都会说了，说得还很有逻辑，根本停不下来。"有一天，跳跳和姥姥去超市买东西，跳跳跟姥姥说："姥姥你看，那个人很像孙老师。"当时姥姥很吃惊，跳跳竟然能看出一个人很像另一个人，并且语言表达得非常准确。

孩子出生后就有沟通的需求，哭就是沟通的开始。1岁之前的孩子只要哭闹，大多数家长就会认为孩子不是饿了就是困了。其实，造成孩子哭闹的原因有很多，家长要了解孩子哭闹的真正原因，给予孩子需要的帮助，这才是和孩子之间的有效沟通。当家长抱着孩子与别人说话时，即使是很小的孩子，有时也会停止一切动作，长时间地看着家长，好像在研究家长的表情一样。这时，如果家长温和地看着孩子，孩子就会高兴地发出咿呀的声音。孩子能从家长柔和的声调及温柔的抚摸中感受到他们的关爱。在日常生活中，家长要关注孩子的需求，掌握如何与孩子进行有效沟通的技巧，以便满足孩子的生理和心理需要。

1. 生活中常见的场景

（1）婴儿期的孩子一哭，家长就认为他一定是饿了，赶紧喂奶。家长很少考虑孩子的情感需要，如需要安抚或专注的陪伴。

（2）孩子一哭，家长就抱起孩子，不停地摇晃或拍打孩子，希望孩子尽快安静下来，殊不知长期的摇晃会对孩子产生很多不利的影响。

（3）孩子咿呀发音时，家长不予理睬或回应，表现得不耐烦。

（4）3岁左右的孩子非常希望家长一边看着他，一边和自己说话。但家长通常一边忙自己的事情，一边听孩子说，表现得心不在焉，让孩子感受到不被关注。

（5）家长选择性地听。孩子只有说到重要的事时，家长才会停下来听孩子说，或者简单地评价或评判后就结束谈话，孩子没有机会表达自己的情感和需要。

（6）家长经常喋喋不休地给孩子讲道理，但不允许孩子喋喋不休地说，孩子没有机会表达自己的需要。

（7）孩子在语言发展的过程中，在某个阶段喜欢不停地说。有的家长会采用最简单粗暴的方式，直接让孩子闭嘴，更不允许孩子"童言无忌"。

2. 不当的方式可能对孩子造成的影响

（1）不愿意和家长沟通，感觉家长不理解自己。

（2）没有自信，不确定自己的决定是否正确。

（3）人际关系不好，适应周围环境的速度比较慢。

（4）不能清楚地表达自己的想法，在团队中经常被忽略。

3. 执行方案清单

（1）关注婴儿的哭闹。哭是婴儿时期最重要的沟通方式。婴儿时期的孩子在成长的过程中，会通过哭声表达自己的需要，如饿了、困了、累了，需要妈妈抱抱，或者需要换一个地方等。如果孩子的需要得到满足，孩子就会停止哭闹。家长安静平和地回应孩子，孩子就会慢慢安静下来。

（2）模仿婴儿的发音。当处于婴儿时期的孩子听到和他自己发出的声音一样的声音时，孩子会感受到关注。孩子能从温和的语气语调及专注的表情中感受到家长的关爱，同时，会发出更多的声音表达自己愉快的情绪。这不仅对孩子语言及情感的发展非常有利，而且是奠定良好沟通模式的基础。

（3）采取正确的回应方式。当孩子有情绪时，面对孩子的哭闹，该不该抱孩子？这是现实生活中人们经常讨论的话题。有人说，如果一哭就抱，就会太娇惯孩子，时间长了，孩子会养成不好的习惯，所以应该不哭了再抱；有人主张一哭就应该抱，如果不抱，就会让孩子的感情变得冷漠。孩子哭闹一定是有原因的，我们不应该一味地讨论孩子该不该抱，而是应该思考孩子为什么哭，弄清原因后再采取相应的解决办法。但是应该怎么抱，才能满足孩子的情感需要呢？面对孩子的哭闹，最简单的方式是，即便不知道他为什么哭，也要安静地、心平气和地抱着孩子。你会发现，只要这样做了，孩子就会慢慢安静下来。哭闹也是孩子的一种情绪释放的方式。当孩子有情绪时，我们要给予孩子接纳而非讲道理或评判。心平气和地陪伴他，也是最好的理解和爱的表达。我们经常强调模式决定未来，也就是说，我们和孩子最初的互动模式，会影响孩子未来的生活模式。

（4）不要用点头或摇头的方式回应孩子。对于处于语言发展阶段的孩子来说，家长应尽量使用语言和他们沟通，这有利于孩子语言的发展，因为孩子的语言是通过模仿习得的。

（5）进行故事表演。孩子1.5～3岁时，家长可以和孩子一起进行故事表演，唱儿歌也可以锻炼孩子的语言及情感表达能力。

（6）尊重个体差异。外向的孩子比较善于表达自己的情感，能说会道；内向的孩子表现得不明显，敏于行动而不善于语言表达。不同孩子的不同性格各有特点，并无好坏之分。

4.孩子的行为告诉我们：家长的回应模式决定了孩子未来的沟通模式

婴儿期的哭闹及咿呀学语都是渴望与家长沟通的表现，孩子需要通过语言或者肢体动作让家长知道自己对他们的依恋，这不仅是语言交流的需要，而且是情感沟通的需要。孩子幼年时家长的关注方式，决定了孩子未来对待自己的方式。家长都希望孩子是一个能言善辩、举止得体、善于沟通的人，因此，从婴儿期，父母就要关注孩子的沟通需求。家长平静而温和的回应，会让孩子变得安静温和，同时感受到安全感。

（二）掌握有效的沟通方法

沟通的终极目标是求得对方的理解与合作，以达到共同的目标。从现实意义上讲，沟通的结果取决于信息的接受者，也就是说，沟通时不在于你说了什么，而在于对方听到了什么，以及沟通后对方的态度和行为。"听，听到他人愿意说；说，说到他人愿意听。"这应该是沟通的最高境界了。

我们和孩子的沟通，最终的目的也是希望和孩子达成一致，但不是控制孩子。在生活中，孩子的哭闹、咿呀学语或说话都是渴望与家长沟通和表达情感的表现。孩子通过自己可以支配的行为，不仅表达了自己对家长的爱，而且希望家长理解自己的需要。因此，沟通不仅是语言的表达，而且是情感的需要。孩子幼年时和家长沟通的方式，会对孩子走向社会后产生直接的影响。

1.生活中常见的场景

（1）孩子不说话，家长在滔滔不绝地讲，讲了很多孩子不能理解的道理。

（2）家长在忙自己的事，偶尔回答"是吗、嗯、啊"等，有时表现得不耐烦，或者说"我知道了"。孩子希望和家长交流却被拒绝，以后有事了，也不想再和家长沟通。

（3）家长认为孩子说话比较啰唆，直接替代孩子说。有时不允许孩子表达自己的想法。

（4）家长经常和3岁之内孩子说重叠语，如吃肉肉、坐车车、拿勺勺等，认为只有这样说，孩子才能理解。

（5）很少有家长能专注地听孩子的每一句话，并尽力理解孩子说的是什么。

2.不当的方式可能对孩子造成的影响

（1）经常处于矛盾之中，不确定对方是否会喜欢自己。

（2）不愿意也不知道如何与他人沟通。

（3）和他人交往时，不会用目光交流，不擅长使用肢体语言。

（4）缺乏自信，不能准确地表达自己。

3. 执行方案清单

（1）学会倾听自己。任何时候、任何情况，家长都要学会倾听自己，感受自己说话时的情绪和所说的内容。

（2）关注孩子在说什么。不管孩子说什么，家长都要听孩子说完。有时，虽然孩子说话语无伦次、重复啰唆等，但孩子依旧会很有兴趣地跟你说。在这个过程中，孩子会梳理自己的语言逻辑，并确认自己是否说得明白，这也是孩子成长过程中必须经历的过程。这时，父母一定要专注耐心地听孩子说。只有专注于孩子说的所有事情，家长才会在孩子的不断重复中得到更有价值的信息，理解孩子的需要，给予孩子需要的支持。

（3）关注孩子的语言发展特点。即使孩子说话语无伦次，有时还会口吃，家长也不要急于纠正孩子，更不要评价孩子，给孩子时间，让孩子自己纠正。其实，大部分孩子的口吃和日常沟通的方式有关。

（4）有效沟通需要遵守一定的原则。

先听后说：让孩子先说，家长专注地听。

蹲下来：和孩子处于一个水平线上，让孩子感受到尊重。

面带微笑：给孩子信心和支持。

注视孩子的眼睛：让孩子感受到你的专注。

叫孩子的大名：让孩子感觉到你的话语是针对他一个人的，同时感受到自己的重要性。

不打断孩子：让孩子按照他自己的逻辑说完，不予以纠正。

不要催孩子快说：允许孩子有足够的时间梳理自己的逻辑。最后，确认孩子的要求。

注意事项如下。①不要使用重叠语，要用正确的成人语言和孩子说话。②跟 3 岁之前的孩子沟通时，语速要慢，吐字要清晰，语调可适当夸张，必要时可重复。③避免家长式说教。不管孩子说什么，都不要评价，因为你并非永远正确，接纳孩子的感受最重要。当孩子感受到你的尊重时，孩子就会更加自信，从而更愿意听从家长的建议，也会慢慢学会尊重家长和他人。

（5）面对孩子的哭闹，要调整好自己的情绪。不要着急地说"别哭！别哭！"。当你不知道孩子为什么哭的时候，有效的做法是安静平和地抱着孩子。"来，妈妈抱抱！"这种做法接纳了孩子的感受，能够让孩子感受到安全。慢慢地，孩子就会自己安静下来。如果家长情绪激动，那么请尝试以下的方法。①停顿 5~10 秒，给自己调整的时间，深呼吸，放松一下。可以告诉孩子："再过 1 分钟，妈妈再和你说，好吗？"说话时语气尽量平和。②给孩子一些安抚，如拍拍他的肩膀或拥抱他一下，这会让孩子感觉到安全。③告诉孩子你现在心情不好，请孩子理解。这就是行为示范。让孩子理解家长也会有情绪，有情绪是很正常的，关键在于怎么处理自己的情绪。不管怎么样，当面对孩子的时候，我们必须控制好自己，因为家长的行为永远是孩子的榜样。

家长一定不要恐吓孩子，如再这样妈妈不要你了、大灰狼来了或警察来了等。这些会造成孩子的恐惧，让孩子有不安全感。有资料表明，家长对孩子的语言冷暴力是造成孩子不良性格的重要原因之一。

4. 孩子的行为告诉我们：家长如何听，孩子才会如何说

从心理学上讲，影响有效沟通的因素有语言内容、肢体语言、语气语调，其中，肢体语言的影响力占 55%，语气语调占 38%，语言内容占 7%。因此，和孩子沟通时，家长要特别注意肢体语言和语气语调。但现实情况是，我们往往特别关注内容，而忽略了沟通表达中最重要的因素，即肢体语言和语气语调。这些看似不重要的因素，往往决定了沟通的效果。我们的问卷调查结果显示，让人反感的口头禅有"你怎么又……""说了多少次了""怎么总是这样"等，这些口头禅会激发人们不愉快的情绪。在我们接待过的中小学生咨询案例中，大部分孩子说："我知道爸爸妈妈说的是对的，但是他们说话的语气让我很反感，我完全不记得他们说的是什么。"有的孩子甚至说，感觉爸爸妈妈根本不爱他。因此，千万不要忽略孩子的感受。

（三）涂鸦与情感表达

在一次家庭活动沙龙里，我们让每个孩子画出自己理想中的家的样子。有一个 9 岁的女孩，她画的自己的家房子很小，周围有几朵小小的花，她一个人在房子的角落里。看到

孩子的画，我感觉孩子比较孤独。原来，女孩的爸爸妈妈长期在外工作，孩子一直和奶奶一起生活。还有一个6岁的男孩，他画的自己的家外面都是铁丝网，他说这样的家很安全。这个孩子是一个特别听话的孩子，也是被家长过度保护和限制的孩子。孩子的绘画能表达出孩子内心的感受和需要。

孩子1岁以后，就喜欢拿起笔来乱涂，对他们来说，到处都是画板，随时可以创作，看到自己随意画出各种圈圈点点，孩子会感觉自己手中的笔非常神奇。从生理上讲，2岁左右孩子的涂鸦为象征性涂鸦，似乎能让人看出点形状，孩子会告诉家长他画的是什么。3岁孩子的涂鸦为形象涂鸦，孩子根据自己的想象或通过模仿进行绘画。3岁也是孩子大脑空间知觉建立的关键阶段，这时的孩子有丰富的想象力。

并不是所有的孩子未来都能成为画家，所以，不要要求孩子画得像。家长和教师要给予孩子各种尝试的机会，让孩子通过各种方式表达自己的情感、兴趣和爱好，这也许是孩子未来的一种生活方式。孩子的成长存在很多可能性。有了适合的环境和机会，孩子就能成就自己的梦想。我们需要换一种思维看待孩子的成长。

1. 生活中常见的场景

（1）孩子随意在墙上或地上涂鸦被家长制止。孩子到处涂鸦当然是不被允许的，然而家长却没有给孩子准备适合涂鸦的空间。

（2）家长随意给孩子几张废旧的纸或很小的纸让孩子涂鸦，这会限制孩子的想象力。

（3）家长经常指导孩子涂鸦或者绘画，并且握着孩子的手，要求孩子一定要按照要求画画。有时孩子会拒绝家长的指导和限制，于是，家长就评价孩子：你画的什么都不像！

（4）孩子有时一边涂鸦一边自言自语，这被家长说成不专心。

（5）孩子涂鸦的作品被扔进垃圾篓或被随意堆积在一起。

（6）在幼儿园，教师展示孩子的涂鸦作品。这使得很多家长认为最像的就是最好的。因此，强迫孩子一味临摹，一定要画得很像、很整齐、很干净，完全忽略了孩子的创意。

2. 不当的方式可能对孩子造成的影响

（1）缺乏想象力，做事情缺乏创意。

（2）表述一件事情的时候，有时会语无伦次。

（3）多年后绘画水平依然停留在幼儿园水平。

3. 执行方案清单

（1）给予孩子足够的空间。给孩子准备固定的、足够大的空间，让孩子自由地涂鸦。固定的地方有利于孩子养成好习惯。

（2）给予孩子足够大的纸张。给孩子提供干净的、足够大的纸张，因为废旧的、小的纸张会限制孩子的想象力和创造力。同时，尽量避免浪费纸张，家长可以帮助孩子做好计划。

（3）给予孩子足够多颜色的绘画工具。不要规定孩子一定把树叶涂成绿色、把太阳涂成红色，让孩子根据自己的想象，随意地涂鸦。因此，家长要给孩子准备足够多颜色的铅笔、蜡笔、水彩笔等。

（4）欣赏和展示孩子的作品。和孩子一起欣赏他的作品，让孩子讲讲他画的是什么。在家里给孩子一个展示作品的空间，把孩子的作品展示在孩子可以看到的地方。和孩子一起把他的作品订成册，放在孩子可以拿得到的书架上。

（5）分享和讨论绘画作品。和孩子一起看抽象的艺术画，听孩子讲述他看到了什么，也可以让孩子把自己想到或者看到的画出来。找一些和现实生活比较接近的图画，和孩子一起仔细看，然后让孩子闭上眼睛，让孩子说出他看到的细节，这对孩子的视觉记忆力发展也是很好的锻炼。

（6）激发孩子的想象力与创造力。首先，蒙上孩子的眼睛，引导孩子闻闻房间里或户外的味道，看看孩子能说出几种不同的味道，如水果、香水、植物等的味道；然后，让孩子根据自己的想象和感觉画出这几种物品。让孩子回忆以前经历过的事情，并让孩子描述事情的经过或和事情有关的人，也可以通过绘画的方式画出来。

4. **孩子的行为告诉我们：涂鸦既是孩子情感表达的方式，又是孩子创造力发挥的过程**

有资料显示，涂鸦对孩子语言及情感的发展有直接的促进作用。涂鸦与儿童动觉的发展以及视动经验有关，它是儿童发展大肌肉群整合运动以及对精细动作的控制能力的过程。研究者有意识地把纸和绘画工具递给一个约 15 个月大的孩子，孩子便乱涂了起来。

研究发现，这个孩子只要一看到他自己在纸上画的东西时，就哈哈地笑起来，并且一边咿咿呀呀地说，一边继续画下去。但是，当他手中的笔在纸上没有留下痕迹时，他就停下来了。这一现象很明显地说明绘画时，儿童的视觉因素与语言表达有密切的关系。绘画活动可以刺激儿童语言的表达，特别是那些说话能力差或语言发展迟缓的儿童。加拿大温哥华英属哥伦比亚大学心理学家托尼·施马德尔（Toni Schmader）说，孩子能画出他们看到的东西。

众所周知，人的思想表达方式有很多种，如语言、文字、图画、雕塑、音乐、建筑等。我们常常用特殊的符号来表示某种通用的标示，如航线、山川、道路等，让不同民族、不同国家的人都能一目了然。孩子的涂鸦也是这个道理，他们通过手中的画笔来表达自己情感和想法。有时，孩子会一边画，一边自言自语地讲着，或者表现出若有所思的样子；有时，孩子会拉着家长来看，迫不及待地讲述，希望家长能够理解他们内心的想法。因此，涂鸦的过程就是孩子表达内在情绪的过程，家长要接纳孩子涂鸦和绘画的方式。

在孩子的涂鸦期，家长除了为孩子准备工具外，也应参与孩子感兴趣的活动，和孩子一起欣赏他的画，多听孩子说，不管孩子讲什么，家长都要表现得专注和好奇，可以用惊讶的语气说，"是吗？我怎么没有想到"，激发孩子的想象力、创造力。这对孩子语言表达能力和理解能力的发展都有重要的意义，同时，帮孩子奠定了良好沟通模式的基础，即愿意在他人面前表达自己的想法。

⭐ 三、科学的亲子交往

（一）关注孩子的主动交往行为

孩子从一出生就具有交往能力，随着孩子的成长，交往的方式也会发生改变。比如，对于新生儿期的孩子来说，哭就是最早的交流和交往方式；3个月以后的孩子可以咿呀对话；半岁以后的孩子会主动发音来表达自己的需要；1岁左右，由于行走动作的发展，孩子不仅产生了对周围事物的探索兴趣，而且产生了强烈的和人交往的愿望；1~2岁的孩子喜欢要别人的东西，同样的东西也总是觉得别人的好，这使很多家长困惑不解，同时，这个阶段的孩子会对经常给他吃东西的人有好感，他与交往的朋友之间是一种简单的互惠关系。

其实，孩子要别人的东西是尝试独立交往的开始，家长应该给予合理的引导，不能过度限制或干扰孩子的行为。对孩子这种行为的态度以及处理方法，将直接影响孩子的性格和未来交往的方式。

1. 生活中常见的场景

（1）孩子向别人要东西时，被立即制止，导致孩子大哭。家长觉得很没有面子，会立即给予说教。

（2）亲朋好友很友好地给孩子某样东西，孩子刚把手伸出去，就被家长阻止。家长说"家里有"或者自己给孩子买。如果孩子会说话，他就会说"家里没有"。

（3）家长不停地告诉孩子"不能要别人的东西。要别人的东西不礼貌"。

（4）孩子准备拿其他小朋友的东西，家长马上制止。有时，甚至恐吓孩子"拿别人东西的孩子不是好孩子""再不听话，不喜欢你了"等。

（5）家长会根据自己的判断，给孩子选择小伙伴。

2. 不当的方式可能对孩子造成的影响

（1）不愿意和他人交往。

（2）不确定他人是否愿意和自己交往，做事被动。

（3）做事谨小慎微，不自信。

3. 执行方案清单

（1）遵循交换原则。家长可以引导孩子交换玩具。这样的做法一方面可以满足孩子的好奇心，另一方面可以帮助孩子学会和他人交往的技巧。例如，孩子想要其他小朋友的玩具时，让孩子拿自己的玩具和对方交换着玩。家长可以给孩子做示范："我们一起玩可以吗？"征得对方的同意后，即可交换着玩。

（2）满足孩子的好奇心。有时候，如果孩子喜欢的东西家里确实没有，那么在条件允

许的情况下，家长可以给孩子购买。当然，家长需要做好购买计划，不能孩子一哭就买。这时候最有效的方法就是，离开这个环境，转移孩子的注意力，但不要对孩子进行过多的说教，因为反复的说教只能增加孩子的痛苦。

（3）引导孩子观察。引导孩子观察物品的共同点，和孩子讨论家里有什么东西和这个是一样的，是不是也可以这样玩，或者还可以更好玩等。通过观察和讨论，一方面激发孩子更多的兴趣和思考，另一方面转移其注意力。

（4）不要控制孩子。家长对孩子总是会不自觉地产生控制的欲望，控制会使孩子产生逆反心理，让孩子产生必须要得到某样东西的想法。当孩子接受他人的东西时，家长要给孩子做正确的示范，如礼貌地说谢谢。

（5）转移孩子的注意力。这对孩子来说是相对有效的方式。孩子的思维活动比较活跃，注意力也比较容易转移，家长可以把孩子的注意力转移到更加有意义的事情上。需要说明的是，家长一定要注意有效转移和无效转移的区别。有效转移是把孩子的注意力转移到更加有兴趣的事情上，"你看那边有一只好玩的小狗"，或者转移到其他能引起孩子兴趣的事情上。无效转移就是"别哭了，我给你买好吃的、好玩的"等。这种无效转移有可能在潜移默化中使孩子养成了不良的习惯。

4. 孩子的行为告诉我们：主动交往锻炼社会适应能力

孩子进入幼儿园后，和小朋友之间的交往方式会受家庭看护方式的直接影响。经常得到家长支持和鼓励的孩子表现得积极主动，经常被限制的孩子表现得拘谨被动。心理学家认为，孩子不能与他人正常交往的原因是没有学会基本的交往技能。而这些交往技能是在日常生活中通过和父母及主要看护人的交往学会的。因此，家长首先要营造和谐一致的家庭氛围，这会让孩子有足够的安全感；其次，给孩子提供交往的机会，如与同龄小朋友一起玩或参加集体活动等；最后，注意培养孩子的语言表达能力。幼儿园中经常会开展故事表演活动。这种活动一方面可以锻炼孩子的语言表达能力；另一方面，可以让孩子在游戏中体验合作的快乐，学会理解他人、表达自己，从而提升交往能力。在家里，家长也可以开展这种活动，丰富孩子的生活，让孩子体验和家长在一起的快乐。

（二）关注孩子交往的困惑

豆豆是一个活泼开朗的小女孩，很喜欢帮别人的忙。但是，有很多小朋友却不喜欢和她玩。每次遇到这种情况，豆豆都会感到既委屈又困惑。为什么她帮助小朋友收拾玩具，小朋友还推她？

笑笑是一个喜欢安静的孩子，他不喜欢参与集体活动，只喜欢一个人在旁边观看。妈妈非常担心笑笑未来不会和别人打交道。不过，在一些活动中，笑笑喜欢给小朋友看护东西或者帮大家拿东西，这个方式让笑笑很开心，他会记得东西放在了哪里、是谁的等。

孩子的个性不同，行为表现也不同。孩子会通过父母或看护人的行为来评估自己所处的环境是否安全，进而选择适合的方式和他人交往。结合上文的案例，我们需要告诉豆豆，在帮忙之前要问一下小朋友是否需要帮忙，当小朋友回答需要时再帮助他；我们需要鼓励笑笑的行为，让他感觉自己也在积极地参加集体活动。父母和看护人的正确做法是和孩子讨论正在发生的事情，而不是说教和评价孩子的行为。

1. 生活中常见的场景

（1）看到小朋友在玩耍，孩子想参与其中却又不敢去，希望家长陪着。家长就会说教孩子："你怎么这么胆小，别人都在玩，你怎么不能自己去玩？"

（2）3岁左右的孩子有时会莫名其妙地发脾气，家长会训斥孩子："就知道哭，闭嘴，不许哭！"长期这样，可能会影响孩子的心理健康。

（3）在陌生人面前，家长强迫孩子表演节目，如背诵儿歌、跳舞等。如果孩子不表演，家长就会说教孩子，使孩子更加紧张不安。

（4）家长希望孩子称呼第一次见到的陌生人。如果孩子不说话，家长就会说教孩子；如果孩子的声音小，家长也会说教孩子。

（5）在小区或其他有很多小朋友聚集的地方，家长希望孩子参与到大家的活动中去，有时会不由分说地推着孩子，但孩子却不愿意去。这时，家长会说教或训斥孩子。

（6）在游乐场或其他陌生的环境里，孩子在观察他人玩耍。由于紧张或害怕，孩子拒

绝自己玩或希望家长陪着玩，但家长却迫不及待地让孩子玩各种玩具，希望孩子尽快适应环境。

（7）当公共场合有集体表演活动时，孩子不想去表演，而想看他人表演；有的孩子想去表演，又不敢去。不管孩子有什么表现，大部分家长都希望孩子参与其中。

（8）家长经常喋喋不休，带有情绪地评价孩子不大方、没胆量、没出息等。孩子噘着嘴巴，含着眼泪，一脸的委屈。

（9）家长没有做很好的过渡工作，就把孩子托付给了其他看护人，忽略了孩子是需要一定时间才能适应与陌生人的相处的，新的看护人也需要了解孩子的习惯和需要。

2.不当的方式可能对孩子造成的影响

（1）胆小，不自信，不愿意参加集体活动。

（2）不喜欢和陌生人交往。

（3）适应环境的能力比较差。

（4）常常处于矛盾的状态，希望和他人在一起玩，但又不确定他人是否喜欢自己。

3.执行方案清单

（1）给予孩子选择的权利。让孩子过有准备的生活。3岁以内的孩子可以有选择的权利，如"你今天选择和小朋友一起玩还是自己玩，选择在家里玩还是去公园玩"等；3岁以上的孩子可以参与讨论，在安全和遵守规则的前提下允许孩子自己决定和谁玩、玩什么。当孩子能够掌控自己的生活时，焦虑和困惑自然就会减少。

（2）接纳孩子的感受。若孩子和他人发生争执，家长不要说教孩子。如果孩子不能准确地表达，那么家长可以说"你们还想一起玩是吗？我们一起想想办法吧"，引导孩子找到解决问题的方法。不要评价和说教，太多的说教会让孩子有挫败感。

（3）示范合作的方法。在家庭生活中，家长可以经常问孩子，如"需要帮忙吗？""需要我做什么？"；也可以向孩子求助。如"你可以帮我把钥匙拿过来吗？谢谢！"。即便是很小的孩子，也很乐意帮助他人。这个过程也能让孩子理解帮助他人时最好得到他人的允许，避免打扰他人。

（4）不要强迫孩子。

不要强迫孩子分享。3岁左右的孩子可以交换物品但还不能分享物品。因为他还不能分清你、我、他的关系，所以这个时候强迫孩子分享，不利于孩子真正地理解分享。

不要强迫孩子参加集体活动。在孩子没有准备好的情况下，除非孩子自己愿意，否则不要强迫孩子参加集体活动。允许孩子观察他人的活动或周围的环境，其实这也是一种内在的学习行为。

不要强迫孩子在陌生人面前表演。孩子是否愿意表演和他未来能否成为一个大方的人没有直接的关系，如果经常强迫孩子，那么会影响孩子正常的性格发展。

不要强迫孩子称呼陌生人。即便孩子不说话，家长也不要给予过多的说教。说教反而会增加孩子的压力，使孩子更不愿叫人。家长只需要给孩子做好示范即可，如"阿姨好！爷爷奶奶好！"。

（5）家长的示范很重要。如果希望孩子参加活动，开始的时候家长就要陪着孩子。可以跟孩子说："妈妈想去玩，你陪我可以吗？"这样就是正确的示范，也让孩子感觉到安全。

4.孩子的行为告诉我们：接纳和理解孩子，才能帮孩子找到交往的智慧

任何年龄阶段的人都可能会有交往的困惑，只是面对的困惑不同。人的交往能力不仅表现为和人的交往能力，而且包括了对环境的适应能力及利用环境解决问题的能力。因此，孩子的交往既包括了与人的交往，也包括了对环境的适应。面对困惑时，如想和他人玩却不知道怎么说，想去玩玩具又不敢去拿等，孩子会莫名其妙地发脾气。面对这种情况，最简单有效的方法是，在确认孩子安全的情况下，允许他发泄自己的情绪，待孩子平静下来后，再和孩子讨论应该做什么、怎么做。德国心理学家多纳塔·艾申波茜在《童年清单》中"关于儿童认知世界的社会调查"里呈现了大量的社会调查，并特别列出了7岁孩子必须经历的心理体验清单。其中有一条为，掌握几句缓解自己生气时的话，能把握它们适合的场合。[①]这也是一种孩子在交往时合理表达自己情绪的方式。家长要帮助孩子掌握适应陌生环境和与陌生人交往的技巧，并给孩子适应的时间。尤其不要强迫孩子做自己不喜欢的事，这会

---

① 多纳塔·艾申波茜：《童年清单》，赵远虹译，15~32页，北京，北京出版社，2017。

让孩子在成长过程中特别在意他人的评价，等成年后，一旦得不到别人的认可，就会没有自信，也难以很好地发挥自己应有的能力。我们都知道，孩子的很多能力不是教出来的，而是通过日常生活中的模仿逐渐内化而成的。因此，父母及看护人的行为就是孩子最好的榜样。

（三）认识孩子通过"打架"获得的智慧

托育中心曾经发生过这样的事情。两个小朋友甲和乙都喜欢同一个玩具，每次争抢时，甲都是胜利者。时间长了，即便乙先拿到玩具，他也会主动让给甲，因为他觉得争不过对方。但后来发生的事情出乎老师的意料，甲主动把玩具给了乙，并且两个人成了好朋友。

大量的案例告诉我们，孩子抢玩具或"打架"的过程是他们的交往过程，他们的"打架"并不是成人眼中真正的打架。在这个过程中，他们得到的经验是：当自己处于劣势时，要尽量保护自己，以免自己受到伤害。其实，这就是一种智慧。在一定程度上，打架的过程也是孩子成长的过程。

俄罗斯总统普京曾在自传中记录了打架的哲学。当普京被伙伴打后，他得到的启示如下。首先，打他的孩子看上去并不强壮，但自己低估了对方的能力，对方的年龄比他大，当然力量也比他大得多；其次，自己应受到惩罚，因为自己先对他人不尊，先把对方惹恼了；再次，除非迫不得已，否则绝对不要惹麻烦；最后，再遇到这样的情况，要接受挑战，并在瞬间出击，并且一定要获胜。[①]通过打架，他悟到了终身受用的道理，从而培养了自己顽强的意志及坚韧的毅力。因此，打架这类事情对于孩子来说并非坏事。但我们也不能纵容孩子打架，而是应以发展的眼光看待孩子阶段性的特点。

1. 生活中常见的场景

（1）孩子拍了一下身边的小朋友，家长立即说"不要打人、不礼貌"等。其实，孩子

---

① 林志强：《活着，就为了改变俄罗斯：普京大传（修订本）》，12～13页，武汉，华中科技大学出版社，2014。

是在和小朋友打招呼，只是用了不当的表达方式。

（2）孩子在与他人一起玩玩具时发生争执，家长马上干预，甚至强迫孩子给他人道歉（有时会导致家长之间的争吵）。

（3）家长害怕自己的孩子被欺负，不让孩子和别的小朋友一起玩。

（4）如果孩子被打，家长就会训斥自己的孩子："真笨，为什么经常被人打？"

（5）因为担心自己的孩子被打或担心孩子打别人，所以家长一直控制着孩子，不给孩子自由活动的机会。

（6）孩子打架了，家长不分青红皂白地批评孩子，甚至把孩子打一顿。

（7）当孩子注意力集中时被打扰，如孩子在专注地玩玩具或者做其他自己感兴趣的事情时，突然有其他孩子打扰了他，孩子就会发脾气或伸手推搡对方。此时，家长就会批评孩子不懂礼貌等。

2. 不当的方式可能对孩子造成的影响

（1）经常被说教或经常受保护的孩子，成年后胆小怕事。

（2）缺乏自信，认为自己没有能力处理好自己的事情。

（3）幼年时经常被打，成年后性格暴躁，会用同样的方法对待自己的孩子。

3. 执行方案清单

（1）接纳孩子的感受最重要。不管孩子是被打了还是打人了，最重要的是不要评价孩子的行为，先让孩子把自己的感受和想法说出来。孩子在说的过程中既释放了自己的不满情绪，也会理解他人的感受。这也是情绪管理的一种方式。其实孩子和成人一样，当有情绪时，都需要有一个倾诉的对象。

（2）了解孩子"打架"的原因。是孩子专注做事时受到了干扰，还是他的作品遭到了破坏？家长需要了解原因，而不是直接说"你怎么又打架了？"。这样的方式不仅会让孩子认为打人的动作可以引起家长的关注，从而重复打人的动作；而且会让孩子感觉打扰他人是很正常的，不需要承担责任。

（3）给予孩子正确的示范。若孩子因争抢玩具而打架，家长应该说"你想和他一起玩，是吗？"，这是正确的示范；而不要说"不要打架"，这是在讲道理。因为孩子原本想和对方一起玩，只是这个阶段的孩子肢体动作比语言发展得好而已。若孩子因受对方干扰而打架，家长应该教孩子说出"离我远点、别动我的玩具"。因为孩子原本就只是希望对方离自己远一点，只是方式不当而已。

（4）和孩子一起讨论。对于3岁以上的孩子，家长可以跟他一起讨论问题发生的原因及问题解决的方法。

（5）在日常生活中，给予孩子正确的引导。

①制定可以遵守的规则。给孩子自己选择做什么的权利或和孩子一起讨论可以做什么，如在哪里玩、玩什么、玩多长时间、谁先玩等。

②不要限制孩子参加集体活动。因为只有在与他人的交往中，孩子才能学会如何与他人相处，掌握和不同年龄的小朋友交往的方式，体验到自己的重要性。

③帮孩子找到情绪释放的方式。每个人都需要释放自己不愉快的情绪。在家里，家长可以每周和孩子玩一次"枕头大战"的游戏，准备一个软的凳子或者其他东西，幻想一下这个东西就是引发不好情绪的事情，用枕头用力拍打这个东西。这是一种很好的情绪释放方式，这种方式对孩子未来情绪管理也有很大的帮助。

④家长要注意自己的行为。任何时候都不要打孩子，因为孩子会模仿家长的行为。如果孩子3岁以后还经常出现和他人打架的行为，家长就要思考孩子这种行为出现的原因了，如是否在家里经常被父母打或经常看见父母打架等。

⑤不要打扰专注做事的孩子。当孩子的秩序被打乱时，他会发脾气或出现打人的行为。因为孩子不喜欢被别人干扰，同时孩子的动作比语言来得更快，所以就先动手了。就像前文提到的豆豆给别人帮忙却被推搡一样，当一个孩子在专注地做事情时，如果有人突然介入，那么孩子做事情的思维逻辑就会被打乱，造成心理上的不舒服，就会直接推搡对方而出现打人的行为，这是孩子的自我保护行为。当然，我们不赞成孩子的这种行为，但是如果我们了解了孩子的年龄特点，就不会责备孩子了。当我们希望孩子结束活动时，可以给孩子有效的提示，如"还有3分钟我们就要出门了，请把玩具放回玩具筐"，让孩子有准备地结束活动。虽然孩子不能很好地理解时间概念，但孩子通过感知，也可以慢慢地了

解规则，这样既可以让孩子完成自己的事情，又可以避免不当行为的发生。

4. 孩子的行为告诉我们："打架"有时也可以帮助孩子获得交往的智慧

2～3岁是孩子口头语言发展的关键期。这个阶段的孩子还没有掌握有效的人际交往的方法，由于语言能力有限，不能清楚地表达自己的想法和愿望，而运动能力相对比较协调，因此在情急之下，常常会因来不及动口而动手。其实，孩子只是想表达"我们一起玩，好吗""离我远点""别打扰我"等。这是孩子打架的一个原因。此时，家长和教师最好不要直接做"裁判"，在保证孩子安全的情况下，应该让孩子自己想办法解决或引导孩子解决，孩子在解决问题的过程中会调整自己的行为，理解交往中最基本的规则。

还有一个原因值得注意。当孩子发现有不当行为出现时，自己可以得到关注，久而久之，就会形成这种互动模式，通过"打架"的行为引起教师和家长的关注。因此，当孩子出现某些不正常的行为时，教师和家长需要思考在日常活动中孩子的正常需要是否得到了满足。

在孩子成长的过程中，对孩子某些不符合社会行为规范的行为的处理原则是：不希望发生的行为就不要过度关注，示范正确的行为远比说教更重要。孩子有些不好的行为习惯是成人在不经意之间帮他们养成的，成人的过度关注强化了孩子的某些行为，使孩子养成了这种习惯。其实，每个人内心深处都希望被关注，孩子也希望通过有趣的、刺激性的行为，引起家长的关注，但孩子并不确定哪些是符合社会规则的。在重复的过程中，孩子会自己总结经验。如果我们"忽略"孩子的不当行为，让孩子觉得这种行为并不能引起家长对他的更多关注，他自然就会放弃这种行为。

（四）孩子凭着感觉确认自己的成长

3岁的然然每天都让妈妈看自己的涂鸦，并兴奋地跟妈妈讲半天。当听到妈妈说"你画的是一个红红的大苹果"时，然然就会心满意足地回到书桌前，认真地继续他的创作。然然通过和妈妈的互动感受到了成就感和自信，并确认了自己的能力。

不管学习了多少科学的教育理念，我们总是觉得孩子需要很多的认知锻炼，如阅读、

玩利于"潜能开发"的玩具、上"大脑开发"的课程等，认为只有这样才有利于孩子的成长。虽然对孩子进行某些认知方面的锻炼的确重要，但是我们还要重视从生活中的各种体验中学习。孩子通过看、听、摸、吃等各种行为，接触各种各样的东西，认识周围的环境，从而体验到自己和周围环境之间的关系，并学会如何利用周围的环境达到自己的目的，这才是孩子真正的成长。

1. 生活中常见的场景

（1）4~8个月的婴儿经常把自己手中的东西放到嘴里仔细地咀嚼品味。这时候，家长总是焦急地说"这不能吃，太脏了！"，随后把婴儿手中或口中的东西夺走。这样往往会引起孩子的不安。其实，孩子的这种行为一方面满足了自己的生理需要，另一方面可以使自己了解哪些东西是可以吃的、哪些是不能吃的。

（2）孩子经常模仿家长。家长扫地，他一定要扫地；家长洗衣服，他也一定要洗衣服等。此外，孩子还经常说"我来我来"，并拒绝家长的帮助。但孩子的这些行为往往被家长制止。

（3）1岁以后的孩子在吃饭时经常把头扭到一边，拒绝家长喂饭，想要自己吃，虽然自己总是吃得一身都是饭。

（4）2~3岁的孩子经常在房间里随意走，并随意地、没有目的地触摸周围的东西。但有时家长会阻止，理由是为了孩子的安全。

（5）孩子在努力地穿鞋或扣扣子，家长在旁边看着就着急，总是说"太慢了"或"系得不对"等，并不由分说地帮孩子穿上。孩子慢慢地就失去了穿鞋、扣扣子的兴趣，就只会等着家长帮他。生活中，很多家长会说："这孩子很懒，鞋都不愿穿！"其实是因为家长打消了孩子主动工作的积极性，而不是因为孩子懒。

2. 不当的方式可能对孩子造成的影响

（1）不了解自己的能力，所以缺乏自信。

（2）对周围环境适应得比较慢。

（3）不喜欢复杂的动手活动，对生活缺乏激情。

（4）害怕自己做不好，不愿意参加集体活动。

3. 执行方案清单

（1）允许孩子尝试自己吃饭。一方面，可以让孩子体验自己的能力，并提高自我照顾的能力；另一方面，可以增加孩子吃饭的兴趣。

（2）允许孩子重复。允许孩子重复意味着给予孩子试错的机会，在重复的过程中，孩子可以纠错和积累经验，这是重播快乐、建立自信的过程。这样的做法体现了家长对孩子成长规律的尊重，我们曾经记录过很多孩子的重复活动。比如，刚学会走路的孩子会经历无数次的摔倒、爬起来的过程，直到脚步变得平稳。又如，一个孩子用恐龙玩具摆各种"战场"，自己做指挥官；另一个孩子用积木摆出一个"社区"，并且功能齐全。家长要允许孩子在重复的过程中逐步建立属于自己的"感觉系统"。

（3）对孩子的事情感兴趣。最重要的一点是，我们希望孩子对什么感兴趣，首先自己要对这件事感兴趣。家长要积极参与到孩子的活动中去，给予孩子需要的帮助。当孩子不需要帮助的时候，不要打扰孩子，允许孩子按照自己的想法做事情。

（4）和孩子一同感受快乐。在沟通的过程中，孩子通过和家长的分享，既体验到了自己的能力，又感受到家长的支持和信任。

（5）允许孩子做适当的家务。根据孩子的年龄，让孩子帮助家长做些力所能及的家务。做家务对孩子来说是最好的锻炼，因为家务比较零碎，需要孩子调动多方面的能力，同时，也能让孩子体验到责任和合作。

（6）不要限制孩子的活动。关注生活中的各种活动对孩子的成长有非常重要的价值。比如，孩子专注地系鞋带、自己吃饭，这既是手指灵活性及专注力的很好的锻炼，又是孩子自我照顾能力的体现。

4. 孩子的行为告诉我们：每一种体验都会储存在生命记忆中

在成长的过程中，孩子内在的成长是隐性的，是不被看见的，往往也是容易被忽略或者被压抑的，这会让孩子缺乏安全感，让孩子的自我评价降低，或者使用不恰当的方式表达自己，如通过歇斯底里的哭闹来寻求关注和安全感。然而，当家长平静而温和地看待孩子的行为时，孩子感受到的就是爱和支持的力量，就会变得淡定和自信。

孩子成长的过程中，没有绝对的对和错。孩子会根据自己的感觉和来自周围环境的反馈，来确认自己做事的方式是否合适，进而感受自己的能力。当孩子感觉离自己的内在感觉越近时，就越能获得自身成长的内驱力，并在不断的自我成长中变得强大和自信。因此，在孩子成长的过程中，家长要控制好环境，但不要控制孩子，而应该给孩子提供更多体验的机会。

（五）日常活动与依恋关系

孩子出生后，在慢慢地从一个生物的个体成长为一个社会的个体的过程中，其最重要的需求就是生理的需求，也就是要吃得饱、睡得舒服。埃里克森（E. H. Erikson）的理论强调了基本信任与不信任的心理冲突期是 0~1.5 岁，这个阶段婴儿的信任感是通过接受父母的日常照顾来建立的，因为父母的日常照顾就能满足孩子的这些需要。通过满足生理需求建立起来的信任感也是健康的依恋关系建立的基础。如果孩子出生后不是由父母亲自照顾的，而是由其他人照顾的，孩子就会依恋其他人。

婴幼儿期的依恋关系会影响成人后的依恋关系。如果婴幼儿时期，孩子和父母之间建立了稳定、健康的依恋关系，那么成年后的依恋关系也较稳定；如果婴幼儿时期，孩子和父母之间没有建立起安全的依恋关系，那么成年后的依恋关系很可能也是不稳定的。

1. 生活中常见的场景

（1）刚出生的孩子由保姆或祖辈带养，或者即使母乳喂养，夜间也是由保姆或祖辈看护的，只有吃奶时才会和妈妈在一起。

（2）频繁更换居住场所或看护人。有些家庭经常更换保姆或月嫂，我们调查中的一个家庭在一个月内更换了 7 个保姆，妈妈感觉每个保姆都达不到自己的要求。

（3）过度保护。父母害怕会走的孩子发生危险，经常限制孩子的活动。

（4）孩子偶尔的哭闹就会引起父母的不安，父母的紧张情绪让孩子没有安全感。

（5）感觉孩子小、什么都不懂，对孩子的需要不能及时回应。

（6）2~3 岁的孩子特别喜欢跟小朋友玩，但父母往往以不放心、不安全为由限制孩子的交往，忽略了交往是孩子的发展需要。

（7）面对稍大的孩子，父母只关注了认知锻炼，忽略了生活中的其他需要。具体表现为，孩子在妈妈怀里磨蹭、缠着妈妈玩游戏、对着妈妈说个不停，但妈妈却并未予以关注。

2. 不当的方式可能对孩子造成的影响

幼年时父母和孩子的互动方式不同，建立起来的依恋方式也不相同。英国精神分析师约翰·鲍尔比（John Bowlby）最早提出依恋理论来解释孩子和父母的关系。心理学家玛丽·安斯沃斯（Mary Ainsworth）在约翰·鲍尔比的理论基础上通过陌生情景测验，将依恋关系定义为婴儿与特定的养护者之间的情感连接，有时特指婴儿与母亲的情感连接。依恋方式有四种。第一种，安全型依恋，也是健康的依恋。当孩子和妈妈在一起时，孩子会很开心；当妈妈离开时，孩子只有短暂的伤心，他相信妈妈会随时回到自己的身边。第二种，回避型依恋。孩子对妈妈的离开和回来都没有任何的表现，和环境互动相对被动。第三种，矛盾型依恋。常见于不一致家庭。妈妈离开或回来时，孩子都会感到不安全，始终围在妈妈的身边，害怕妈妈离开，但又不知道如何与妈妈进行互动，始终处在焦虑的状态。第四种，混乱型依恋。这是一种最不安全的依恋，大部分情况下，是由于养育者情绪不稳定造成的，孩子没有固定的行为模式，妈妈回来时孩子表现得无所适从，妈妈和他主动互动时孩子表现得比较茫然。幼年时不同的依恋关系对成年后的影响也不同。拥有这四种依恋方式的成人的具体特点如下。

安全型依恋：在人群中约占65%。人际关系良好，愿意和他人交往。相信自己也相信他人。即便有朋友和家人远离自己也不担心，相信当自己需要时，朋友和家长都会回到自己的身边。

回避型依恋：在人群中约占20%。不自信，不容易相信他人，也不喜欢和他人接近，当他人靠近自己时会紧张。很难相信他人，喜欢自己待着，不喜欢被他人打扰。

矛盾型依恋：在人群中约占10%。经常怀疑自己，也怀疑他人。认为他人不喜欢自己，不会主动和同伴交往，怕同伴拒绝自己，常常自我否定。

混乱型依恋：在人群中约占5%。情绪和行为无序，难以预料和管控。

3. 执行方案清单

（1）父母的共同陪伴很重要。父母最好亲自带养自己的孩子。如果因特殊原因做不到，那么一定保证和孩子在一起时的质量。对于孩子来说，陪伴的质量大于陪伴的时间。

（2）有计划地生活。父母要有计划，孩子也要有计划。每个人都能掌控自己的生活，这是家庭一致性的基础。有计划的生活也会让孩子有安全感，因为孩子感觉自己是自己生活的主导者。

（3）给予孩子高品质的陪伴。高品质指的是陪伴孩子时一定要专注，如不要看手机或做其他的事情，专注于孩子感兴趣的事情。我曾经在玩具体验馆做过调查，很多小朋友特别希望父母陪着自己一起玩玩具，但大部分父母都忙着看手机或做其他事情。

（4）培养孩子良好的习惯。良好的习惯养成来自看护人的一致行为。一致的行为有利于孩子安全感的建立，因为孩子感觉和谁在一起都是一样的。

（5）关注孩子的个性和特点。对孩子某些日常的、在家长看来不恰当的行为，家长不要焦虑或紧张，因为在孩子成长的过程中，不同的阶段有不同的特点，这些特点不一定是问题。

（6）保持积极的情绪。父母不要带着负面的情绪照顾孩子，因为孩子对情绪的感知，远远大于对文字和图片的感知。

（7）保持家庭一致性。家庭对孩子的教育理念要统一，不要当着孩子的面发生争执，因为孩子会觉得是因为自己，家里人才发生争执的，从而感到自责或恐惧。家庭的争吵会影响孩子的情绪，孩子会更强烈地表现出不安。

4. 孩子的行为告诉我们：安全健康的依恋关系是一切关系的基础

每个孩子都有自己的需要和个性，父母也有不同的个性、观念及生活方式，这些都会影响父母对待孩子的方式。

孩子幼年成长过程中和父母的互动方式会储存在孩子的记忆里，影响他成年后的生活方式。如果父母和孩子的依恋关系是安全的，那么这种安全感会给予孩子足够的自信，当面对挫折时，孩子总能感受父母的力量和支持。因此，在幼年时期和父母建立起良好的依恋关系的孩子，即便生活中遇到困难和挫折也会坦然面对，依然能很好地把握自己的人生。如果在幼年期没有和父母建立起良好的依恋关系，那么孩子很可能会缺乏自信，遇到困难时不知道如何获得父母的支持。

不过需要说明的是，孩子的成长是一个漫长的过程，受多方面的影响，依恋关系只是影响因素之一。虽然依恋关系对孩子的成长非常重要，但并不能决定孩子成长的全部。清单养护的系统里特别强调为每一个家庭建立初始档案的重要性，只有了解了孩子的成长环境和成长过程，才能为孩子提供个性化的指导方案，给予家庭需要的支持。

（六）不当安慰对孩子的影响

新学期刚开始的那几天，幼儿园和托育机构的门口经常会出现这样的场景。新入园的孩子紧紧地抓住妈妈的衣服或搂着妈妈的脖子不放开，并且哭得很厉害。这时，大部分妈妈都会说："别哭了，妈妈下午早点来接你。""再哭老师都不喜欢你了。"很多妈妈也会表现得焦虑不安，担心孩子哭闹，担心孩子不吃饭、不睡觉、不和小朋友一起玩等。有的妈妈会在窗户外偷偷地观察孩子，当孩子哭闹时，妈妈忍不住再回来安慰孩子。其实，妈妈的这种做法只能让孩子哭得更厉害，因为孩子觉得只要一哭妈妈就会回来，就可以再陪他一会儿。这也是导致孩子入园焦虑时间比较长的主要原因之一。

我们在日常生活中会遇到很多困难，也需要亲朋好友的安慰。但是，好心人经常的、反复的安慰和解释，对于我们来说反而是一种负担，甚至使我们怀疑自己的能力。在成长的过程中，当遇到问题时，孩子需要家长的安慰，尤其是孩子在学习走、跑或尝试新事物的过程中，出现摔伤、相对严重的磕碰伤或遭遇其他挫折的时候，更需要家长的关爱和支持。不过，给予孩子安慰时，家长的态度很可能影响孩子人格品质的形成。适度的安慰利于孩子客观地理解自己的感受，有益于孩子形成优秀的人格品质；而不适度的安慰则会影响孩子的自我判断，对人格品质的形成有不利的影响。

1. 生活中常见的场景

（1）即便孩子遇到了一点小事情，如磕碰一下，家长也会非常紧张地安慰孩子，不停地说"没事，没事"。

（2）去幼儿园的路上，家长一直嘱咐孩子"听教师的话""不要哭"等。有的家长会

说"再不听话就送你去幼儿园"，让孩子感觉去幼儿园是一件很可怕的事情。

（3）一旦孩子哭闹，家长就一边应答着"来啦来啦"，一边冲过去，并表现得特别着急。家长经常不停地说："怎么又哭了？刚才不是好好的吗！"他们希望通过这种方式让孩子立即停止哭闹。但长期这样做的结果一方面会传递焦虑不安的情绪，另一方面会使亲子间形成一种互动模式，让孩子觉得只要哭就可以达到目的。

（4）孩子摔倒了，家长急忙跑过去，一方面带着不满的情绪不停地安慰孩子，另一方面把原因归结到很多客观因素上，如地面不平，或者东西放得不对等。其实，孩子摔得并不疼，反倒被家长的情绪和安慰吓哭了。我们人为地制造了紧张的氛围，同时替孩子推脱责任，忽略了长期这样做对孩子的不利影响。

（5）去医院看病或打针时，还没有到目的地，孩子就被家长的"安慰"吓哭了。在日常生活中，还有很多家长经常用打针恐吓孩子："再不听话就给你打针。"这些都会让孩子感觉打针是一件非常恐怖的事情。

（6）孩子和小朋友一起玩时发生争执，家长的说教和安慰导致孩子哭闹的时间更长。

（7）父母和祖辈在一起时，对孩子的要求不一致，也就是说，家庭教育理念不一致。比如，孩子希望要一样东西，父母说不行，但祖辈却在父母不在场时满足孩子。同一件事情，不同的人的标准不一致，导致孩子判断混乱。

（8）有的家长错误地认为，为了培养孩子成为独立、勇敢、自信的人，要保持一贯的严厉，担心自己的安慰会使孩子变得懦弱、娇气。

2. 不当的方式可能对孩子造成的影响

（1）被过度安慰的孩子，容易出现以下状况。

①消极低沉，缺乏探索欲望。

②胆小怕事，遇到困难时，会选择躲避。

③不相信自己的判断，缺乏自信。

④当自己的事情没有完成时，往往会推脱责任等。

（2）缺少安慰的孩子，容易出现以下状况。

①对周围的环境反应不敏感。

②对他人的求助反应冷淡。

③性格孤僻，人际关系处理不好等。

3. 执行方案清单

我们都希望自己的孩子长大后成为一个勇敢、坚强、乐观、自信、富有创造性的人。这些优秀的人格品质是在生活实践中逐渐培养起来的。遇挫只是孩子成长过程中的一部分，家长的处理方式很可能会对孩子性格的形成起到决定性的作用。

（1）走近孩子再说话。如果确认孩子是安全的，那么任何时候都要走近孩子再说话。

当孩子哭闹时，隔空对孩子喊话的方式会制造紧张的氛围，就像成人在一个嘈杂的环境中也容易焦虑一样。妈妈可以快步走近孩子，用平缓的语气说："妈妈来了，来，抱一下。"这种做法就是在接纳孩子的情绪和满足孩子的需要。我们调查发现，这种方法很多家长使用后都感觉非常积极有效。当家长不知道孩子为什么哭的时候，最好的方式就是什么也不说，轻轻地抱着孩子，心平气和地陪着孩子，让孩子自己慢慢平复下来。这个过程能够让孩子学会释放自己的情绪，慢慢学会管理自己的情绪，学会如何对待自己。

（2）注意对第一次摔倒的孩子的反应。孩子第一次摔倒后，家长不要紧张，用温和肯定的态度告诉孩子摔倒没关系，从一开始就给孩子建立良好的条件反射。在确定安全的情况下，鼓励他自己站起来，让孩子知道摔倒了就应该自己站起来。即便孩子受了点伤，家长也不要慌张，要尽量表现得淡定和从容，给孩子一个轻轻的拥抱，检查一下摔伤的地方，说："摔疼了吧？需要抹药吗？让妈妈来看看。"让孩子平静一下。家长可以和孩子讨论摔倒的原因或示范正确的做法，如慢慢地走、绕过障碍物等。这种方式远比安慰和说教有效得多，因为这是在和孩子沟通解决问题的方案。让孩子慢慢理解，任何时候都不要抱怨环境和现状，只有自己努力做出改变，找到解决问题的方法才是最重要的。对待事情的正确态度和处理方式才是孩子最需要的。

（3）尽快结束安慰。不要反复说教和讨论。反复说教会给孩子造成不必要的压力，长期这样不仅会影响孩子的自我判断，而且会使孩子的自信心受到影响。

（4）安慰的方式应随着年龄的增长而变化。通过对现实生活的观察，我们发现，某些问题对孩子来说并不是问题，很多时候，孩子是被家长吓坏的。有些事情发生时，孩子并不需要安慰。如果某件发生了的事情孩子并不想提及，那么，在不违法原则的情况下，不要强迫孩子说，尊重孩子的想法，家长自己也不要反复说起。

（5）分享自己的经历。当孩子在尝试做某件新的事情时受到了挫折，家长可以和孩子分享自己的经历，接纳孩子的感受，和孩子一起寻找解决问题的方法，并鼓励孩子坚持，告诉孩子家长永远是他的支持者。

（6）允许孩子发泄负面情绪。让孩子学会管理自己的消极情绪。当孩子哭的时候，不要一直对孩子说"别哭，你要坚强"等。家长需要轻轻地抚摸孩子或拥抱一下孩子，"想哭就哭出来吧！"，时刻告诉孩子，"没关系，爸爸妈妈支持你！"。这会让孩子收获安全、信任、鼓励和无限的动力。如果家长经常保持这样的做法，那么孩子自身便会成为一个勇敢坚强的人；反之，如果家长过度紧张，就会使孩子感觉事情很严重，即便是很小的事，自己也没有能力完成，长期这样下去的话，孩子就会缺乏自信。

4. 孩子的行为告诉我们：适当的安慰有利于孩子健康性格的形成

有这样一个案例。一个孩子被桌子一角挂到摔倒了，孩子大哭起来。等他自己起来后，妈妈说："摔得很痛吧！妈妈抱抱。我们来看看你是怎么摔倒的。是被桌角挂了一下，对吗？是不是刚才走得太快了？你再走一次试试，这次走的时候要慢一点，同时要离桌子远一点。"孩子照着妈妈的说法重新走了一遍。妈妈说："你看这样就不会被挂到了。"这位妈妈就是在和孩子一起分析问题的原因，最终帮助孩子找到了解决问题的办法。

家长面对孩子成长过程中的挫折时要保持理智，做一个从容淡定的家长，给予孩子成长的力量。通用电气公司前董事长杰克·韦尔奇，尽管他到了成年还略带口吃，但是他的母亲却说："这不是什么缺陷，只是你想的比你说的快些罢了。"这就是作为母亲的智慧。

（七）避免标签儿童

心理学上的"标签效应"，是指当一个人被外界用某些词汇描述和分类，也就是被贴上标签时，他的自我认同和行为会受到影响。"我这么做，因为我就是这种人。"标签具有定性导向的作用，无论标签是"好的"还是"坏的"，都会影响一个人的个性意识和自我评价，使其向"标签"喻示的方向发展。而儿童最容易受到标签效应的影响。

1. 生活中常见的场景

生活中的标签有两种，一种是负面标签，另一种是正面标签。负面标签很可能会对孩子产生一系列的负面影响，但正面标签对孩子产生的影响却不一定是正面的。

（1）常见的负面标签。

①体质弱。认为孩子身体比较弱，一定要补充营养，给孩子吃"有营养"的营养品，导致孩子因过度补充而营养不均衡。不让孩子参加集体活动，更不允许孩子参加竞争性的活动，害怕孩子累着、伤着。

②内向、胆小。孩子不愿意和他人互动，家长担心孩子内向或者自闭，总希望孩子变得外向一点、表现得活跃一点，忽略了孩子的个性特点。

③逆反、任性。不理解孩子成长的特点，当孩子不顺从家长的意愿时，家长就会说孩子逆反和任性。长期这样，孩子会从家长的评价中获取这样的信号：我的任性是天生的。

④不听话。家长在孩子面前经常说："你看人家小明多聪明、多听话，你怎么那么不听话。"这会让孩子感觉自己真的哪里都不如别人。

（2）常见的正面标签

①聪明、真棒。从我们接待过咨询和调查过的案例中，我们发现，几乎所有的家长都在说完问题后都会说一句："其实我们家孩子还是很聪明的。"经常表扬一个孩子聪明，其实是在扼杀孩子的成长型思维。经常被说聪明的人会被塑造成具有完美性格的人，这样的人经常会因为担心自己遭遇失败而不愿意面对挑战。

②乖巧、懂事。经常强化孩子的乖巧、懂事，会让孩子在乎他人的评价，从而失去自我判断。

2. 不当的方式可能对孩子造成的影响

（1）负面标签。

①焦虑、缺乏自信。生活中经常产生莫名其妙的焦虑情绪；认为自己能力达不到，很

多事情自己根本不敢去尝试，所以容易失去很多机会。

　　②思维和发展受到限制。尤其是来自父母的标签，会限制孩子的能力，使他认为自己就是这样的人。

　　③体质比较差。由于幼年时被过度保护，锻炼机会少，成年后体质差。

　　（2）正面标签。

　　①过度自信，遇到事情往往眼高手低。

　　②容易目中无人，人际关系也会受到影响。

3. 执行方案清单

　　（1）尊重孩子的个性特点。孩子的个性不同，面对问题时的态度和解决方式也不同。外向的孩子积极主动，内向的孩子安静被动；活跃的孩子，我们可以帮助其建立规则，安静的孩子需要我们多多鼓励。不评价孩子的性格和能力，也就是不要轻易贴标签。个性特点没有好坏之分，各有优势和劣势，重要的是孩子要发挥自己的优势。

　　（2）不要经常说孩子体质弱。除非临床诊断结果显示孩子患有疾病，否则没有哪个孩子天生体质弱。家长经常说孩子体质不好，孩子便接受了这种心理暗示，不仅容易导致体质真的变弱，而且会影响孩子自信心的建立。即便孩子生病，家长也不要焦虑，因为焦虑的情绪也会影响到孩子。

　　（3）尊重孩子的发展规律。2岁左右的孩子步入了成长中的第一个逆反期，往往表现得比较自我和任性。家长要关注孩子发展的规律，不要把阶段性的特点当成问题来对待，顺应孩子的生长发育规律，提供良好的环境，鼓励孩子发挥天赋。

　　（4）使用积极的语言。在引导孩子的行为时，多用积极的语言和孩子说话。面对不爱活动的孩子，可以说"你陪妈妈去活动一下可以吗？"，而不要说"你怎么这么懒呀！"这样的话。面对活波好动的孩子，应该说"累了吧，到妈妈这里安静一下，和妈妈说说刚才都玩什么了"，而不要说"你就不能老实待一会儿吗！"。当孩子有情绪时，用温和而坚定语气对孩子说"你像妈妈这样说话，妈妈就可以帮助你"等，而不要说"你再哭，妈妈就不喜欢你了"。家长积极的语言和正确的示范，更有利于孩子良好行为习惯的养成。

（5）不要比较。我们往往觉得别人家孩子既听话又聪明，身上都是优点，而自己的孩子身上全是缺点。不要横向比较！孩子的成长受很多因素的影响，如遗传、环境和看护人等。当家长将孩子与别人家孩子作比较的时候，不妨也将自己与别人家父母作比较。

（6）接纳孩子的逆反。逆反行为是孩子的独立宣言。在安全和遵守规则的前提下，给予孩子独立选择和尝试的机会。不要一味强调听话和乖巧，这会影响孩子的个性发展，让孩子慢慢学会顺从他人的意愿而失去自我。

（7）客观冷静地面对孩子的不当行为。有时孩子做错了事，家长很容易"口不择言"，一口气对孩子说出很多负面的语言。对孩子来说，家长的任何一句话都是至关重要的。

4. 孩子的行为告诉我们：避免给孩子任何的标签

孩子成长有无限可能，不要给孩子任何限制和束缚。特别是学龄前的孩子，他们还没有形成独立思考问题的能力，对家长的依赖很强，非常容易接受心理暗示。长期这样，孩子就会按照家长贴的标签去寻找归属。我们无意中的评价，会在孩子的内心贴上标签，从而影响自我认知和行为。因此，要避免给孩子任何的标签，不管是正面的还是负面的。就拿体质弱这一点来说，其实，不少成功的运动员幼儿时期的体质都偏弱，但经过锻炼，最终也成了运动健将。因此，即便孩子的身体真的有些虚弱，家长也要帮助孩子树立自信，给予孩子鼓励和支持。毕竟，让孩子成为优秀的自己，才是教育的终极目标。

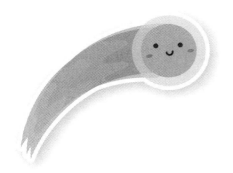

模块三 家庭环境与
习惯养成

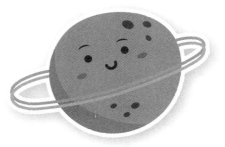

习惯源于重复的行为，好的习惯源于不断重复的积极正确的行为。关注正确的做事方式，关注孩子成长的全过程，这也是清单养育的原则。习惯的养成是学龄前孩子的最重要的任务之一。本模块根据家长调查问卷，并结合现实托幼机构的反馈，分别从家庭氛围的营造、家庭看护与行为特点及家长的角色三个维度进行论述，选择了相对核心的问题，为家庭提供了可以参考的执行方案清单。当然，这些内容并不仅限于习惯养成，而且还包括了和孩子习惯养成相关的生活方式。有些内容看起来和习惯养成没有关系，但也会对孩子的习惯养成有一定的影响，也许不会在当下表现出来，但会在孩子未来的生活中表现出来。这也体现了本书的特点，即关注孩子成长的历程对孩子未来的影响。我们希望通过这种方式引发大家共同的思考，即当面对孩子的某些习惯时，思考我们之前做了什么，才让孩子有了此刻的表现。当然，这些内容并不能涵盖所有的内容，我们抛砖引玉，通过开放式的问题，引发教师和家庭对孩子良好行为习惯养成的影响因素及方法产生更多的思考。

孩子为何会有这样的习惯（不管是好习惯还是坏习惯）？

哪些因素使得孩子有这样的习惯，如何改变？

什么样的家庭氛围利于孩子好习惯的养成？

家庭应该给予孩子哪些有效的支持？

妈妈如何支持爸爸参与？

托幼机构的一日生活清单是否可以和家庭生活结合起来？

需要制定家庭的好习惯养成清单吗？

如何制定？如何获得教师的帮助？

本模块特别设计了爸爸参与的主题，因为在我们举办的多次的家长课堂中，爸爸参与的次数非常少。这也是一个共享的话题，虽然我们没有收集到大量的数据来了解爸爸参与的比例有多少，但是从现实情况来看，孩子的教育责任大部分由妈妈来承担。我们希望爸爸更多地参与到孩子的成长过程中来。

⭐ 一、家庭环境与习惯养成清单要点

表 3.1 是对家庭环境与习惯养成清单要点的呈现。

表 3.1　家庭环境与习惯养成清单要点

主题		清单要点	核心价值
（一）家庭氛围的营造	1. 家庭氛围对孩子的影响	（1）家庭教育理念要一致 （2）父母是孩子问题的主导者 （3）不要当着孩子的面讨论孩子的问题 （4）不要限制孩子的表达 （5）不轻易许诺 （6）给予孩子体验的机会 （7）主动学习 （8）定期的家庭沟通很有必要	家庭关系是一切关系的基础
	2. 爸爸要积极参与孩子的成长	（1）爸爸参与，妈妈支持 （2）家庭成员要给予支持 （3）找到合适的互动方式 （4）专注地陪伴 （5）做好计划	孩子的成长需要父母共同的爱
	3. 关注孩子的团队意识	（1）围坐在一起吃饭 （2）允许孩子把话说完 （3）家长的示范作用很重要 （4）关注过程 （5）适当授权 （6）向孩子求助 （7）随时或定期进行家庭沟通 （8）角色体验	孩子渴望成为团队中不可缺少的一员，并需要得到尊重和关注

主题		清单要点	核心价值
（一）家庭氛围的营造	4.如何让孩子懂得爱	（1）关注孩子的积极体验 （2）接纳孩子的消极情绪 （3）帮助孩子养成良好的生活习惯 （4）父亲要给予支持 （5）营造和谐的家庭氛围 （6）让孩子积极参加集体活动 （7）给孩子表达爱的机会	爱自己才会爱他人
（二）家庭看护与行为特点	1.孩子在阅读时出现错行和漏字的原因	（1）准备简单清晰的图片 （2）滑动认读 （3）掌握阅读的时间 （4）手的锻炼很重要 （5）户外活动是必需的 （6）要控制好孩子看电视的时间 （7）注意光线和色彩对孩子视觉发展的影响 （8）允许孩子重复	不当的指导会造成不利的影响，要尊重生命成长的规律
	2.模仿——长大后我就成了你	（1）家长要注意自己在日常生活中的言行 （2）给孩子模仿的机会 （3）模仿孩子的积极行为 （4）不要轻易许诺孩子 （5）客观看待社会上的事情 （6）让孩子积极参与集体活动 （7）示范与分享	长大了我就成了你
	3.重复——重播快乐的过程	（1）允许孩子重复地说 （2）尊重孩子听故事的习惯 （3）不要干扰孩子的重复活动 （4）允许孩子反复拆卸和组装玩具 （5）不给予评价 （6）关注孩子是否有异常行为	重复让孩子体验成就感，重复即重播快乐的过程

续表

主题		清单要点	核心价值
（二）家庭看护与行为特点	4. 生活中的色彩对孩子的影响	（1）选择适合婴儿期孩子的图片 （2）提供一定数量的玩具 （3）有效地使用认识颜色的方法 （4）孩子房间的色彩建议	孩子的世界是五彩的，但过于复杂的颜色也会对孩子有不利的影响
	5. 孩子不愿意理发和洗头的原因	（1）经常性的抚触很重要 （2）掌握正确的洗头方法 （3）正常对待，慢慢过渡 （4）尊重孩子喜欢的方式	有效的准备会避免孩子不愉快的情绪的产生
	6. 如何看待孩子扔东西的行为	（1）鼓励孩子进行有序互动 （2）鼓励孩子观察与分享 （3）清楚地告诉孩子规则 （4）家长的行为示范很重要	扔东西是一种互动方式，也是孩子的探索性行为
	7. 如何养育不同性情的孩子	（1）给活跃型的孩子充分的权利 （2）接受型的孩子需要鼓励 （3）给反应型的孩子制定规则 （4）敏感型的孩子需要更多的安慰和理解	尊重不同个性的孩子，助力孩子成为优秀的自己
	8. 特点和问题，个性和缺点	（1）准备适合的玩具 （2）不要过分关注孩子的消极行为 （3）提供正确的示范 （4）尊重孩子的个性和特点 （5）不要拿自己的孩子和别人比较	关注个性和特点比关注问题和错误更重要
	9. 环境对孩子秩序感的影响	（1）关注孩子的秩序要求 （2）关注孩子学爬的环境 （3）物品要归类、归位 （4）设立玩具角 （5）每次给孩子的玩具不要太多 （6）提供适合孩子放置自己的物品的地方	秩序感是生命成长的需要

主题		清单要点	核心价值
（三）家长的角色	1. 父母的情绪对孩子的影响	（1）营造和谐的家庭氛围 （2）不在孩子的面前争吵 （3）不要自责 （4）关注孩子的情绪变化 （5）关注孩子对父母的情绪的感知 （6）提供情绪管理的示范 （7）进行情绪释放活动	避免坏情绪影响孩子
	2. 表扬与鼓励对孩子的影响	（1）鼓励具体的做法 （2）不要事事表扬或随口表扬 （3）慎用物质奖励	说法不同，影响不同；努力和认真是生存的资本
	3. 要接纳，不要评价	（1）接纳孩子所有的感受 （2）和孩子一起讨论需要共同完成的事情 （3）家长要反思自己的行为 （4）确认哪些方法可以激发孩子的积极行为	接纳、理解和爱会给孩子成长的动力
	4. 帮助孩子顺利度过入园焦虑期	（1）选择适合孩子的幼儿园 （2）带孩子去参观 （3）上学路上应保持愉快的情绪 （4）平静地再见，快速地离开 （5）保持平静，分享快乐 （6）家园一致的重要性	相信孩子本来就具有很强的适应能力

★ 二、家庭氛围的营造

（一）家庭氛围对孩子的影响

凯凯3岁半的时候，爸爸和妈妈带着凯凯去西安参加同学聚会。在聚会现场，凯凯非常兴奋。同学问："凯凯，你们幼儿园都有哪些老师呀？"凯凯很大方地回答："有顾老师，

有张老师，有李老师。还有一个孙老师，但是见孙老师一次很难，因为孙老师超级忙！"妈妈说，家里人每天都会固定时间，和孩子进行半小时左右的沟通，也会经常启发孩子思考，如这个是什么、它还像什么等。孩子的语言表达能力很强，想象力也很丰富。

孩子是一个家庭的缩影，孩子的言谈举止是家庭文化的代言人，家庭对孩子的影响是潜移默化的，孩子的行为也是父母言传身教的结果。孩子可塑性大、模仿性强，父母的一言一行、一举一动，都会对孩子产生深刻的影响。如果父母自由散漫，没有计划和目标，就会对孩子产生消极的影响；如果父母积极向上，有计划、有目标，那么孩子也会有自己的计划和目标。在和谐一致的家庭环境里，家人温和而平静地说话，有问题时共同讨论，孩子就会在生活中表现得平和有序。如果家人经常争吵，孩子就会表现得焦虑不安，也会缺乏安全感。大多数情况下，我们在外面工作时可能会努力控制自己的情绪，但在家里就失去了耐心，尤其是面对吵闹的孩子时。因此，建议家长即便在外面遇到了不顺心的事，也要学会和家人分享事情的经过和自己的体会。这个过程是梳理情绪的过程，不仅能使我们感受到家人的支持，而且给孩子传递了家庭生活的观念，那就是不管遇到什么问题，家里人永远是自己坚强的后盾。

1. 生活中常见的场景

（1）祖辈照看孩子时，会按照他们的方式养育孩子，会经常娇惯孩子，甚至有求必应。

（2）家里人意见不一致，常常因为孩子的事情，在孩子面前发生争执。而孩子也不知道该听谁的，在不同人的面前、在家里和在外面表现得不一致。

（3）居住地或看护人经常变化。环境不同，每个人的习惯也不同，这会影响孩子生活习惯的养成。

（4）有些家长常用简单而粗暴的态度对待孩子，从而造成许多不良的后果。比如，孩子因惧怕挨打而撒谎，甚至模仿家长的粗暴行为等。

（5）家长一有时间就给孩子讲道理，但其实，孩子并没有理解家长所说的"大道理"。

（6）家里人都十分匆忙，很少能在一起安静地聊天。

2. 不当的方式可能对孩子造成的影响

（1）敏感，焦虑，缺乏安全感。

（2）胆小怕事，没有主见。

（3）不自信，经常怀疑自己的能力，甚至疑神疑鬼。

（4）过度依赖人，不愿承担责任。

（5）由于经常被说教，外向型的孩子长大后往往说起来头头是道，做起事来虎头蛇尾；内向型的孩子则常常表现得谨小慎微，没有主见。

3. 执行方案清单

（1）家庭教育理念要一致。这样有利于孩子建立事情的判断标准，实现自我管理。

（2）父母是孩子问题的主导者。不管是什么样的家庭结构，父母永远是孩子问题的主导者。随着孩子年龄的增加，让孩子做自己问题的主导者。

（3）不要当着孩子的面讨论孩子的问题。尤其是容易让孩子感觉不安全或比较敏感的话题，如孩子总爱与别人争抢玩具、不听话等，尽量不要当着孩子的面讨论，更不要给孩子贴标签，尤其是大家意见不一致的时候。这会让孩子感觉是因为自己的问题才导致了家庭的争吵。

（4）不要限制孩子的表达。不要使用简单粗暴的方式让孩子闭嘴，要允许孩子按照自己的想法说完，并接纳孩子的感受。只有这样，我们才能真正地了解孩子。

（5）不轻易许诺。家长自己要注意言行一致，如不要轻易许诺，许诺前要进行慎重的思考。一旦许诺就要兑现，因为孩子在成长的过程中以模仿学习为主，家长一定要有良好的信誉。

（6）给予孩子体验的机会。在保证安全和遵守规则的前提下，给予孩子体验的机会。因为生活是多方位的，也是多角度的，孩子关注的和我们关注的不同，孩子收获的和我们期待的也有差异。尤其是孩子内在的收获，当下不会展示出来的，但会储存在孩子的记忆里。

（7）主动学习。家长和主要的看护人要主动学习，了解孩子各年龄阶段的特点，但不要照着书本养孩子，要了解和发现孩子的个性特点，关注个性特点比关注问题和缺点更重要。

（8）定期的家庭沟通很有必要。可以利用周末的时间一起聊天，说说过去一周发生的事情和下周的计划，让家庭的分享成为一种习惯。通过沟通，孩子还可以了解到父母是如何解决问题的。沟通时，要让每个人都畅所欲言，说出自己的想法。可以参考以下几个方面进行。

第一，要营造开放的讨论氛围，讨论的过程中要保持理性，不要指责和抱怨，否则会影响家长和孩子参与的积极性。

第二，沟通并不一定是正式的，可以是随意的聊天。如果有问题，就明确需要讨论的问题。最好聚焦于一个问题，而不是一次性地解决所有问题。沟通的目标是解决问题，而不是判断谁对谁错。

第三，使用头脑风暴的方式，每个人说出对这个问题的看法或解决方案，不要评价对错。允许孩子说出自己的想法，说什么并不重要，最重要的是让孩子感受到自己的重要性。

第四，确定问题主导者及最终的解决方案。

4. 孩子的行为告诉我们：家庭关系是一切关系的基础

在成长的过程中，每个人都需要家庭的支持。孩子在参与解决家庭问题的过程中，不仅可以体验到自己的能力，而且可以体验到自己在家庭中的重要性，认识到自己的责任，同时，这个过程还可以促进家庭凝聚力的增强。不同的家庭结构对孩子的影响是不同的，但不管什么样的家庭结构，我们都特别强调对孩子的要求应该一致，并且应该以孩子的父母为主体。

由父母和未婚子女组成的家庭即核心家庭。日常生活中，我们都会说，这孩子的长相、举止、行为、性格很像他的爸爸或妈妈；很少有人会说，这孩子很像他的教师或其他看护人！即使是最有责任心、有爱心的教师或其他看护人，对孩子的影响力也远远比不上父母。然而，现在年轻的父母往往花费很多的时间和金钱，把孩子送到名师和名校那里，并期待孩子有所改变，而很少花费时间主动学习和了解孩子。我们曾做过关于父母的学习与参与程度的调查，发现即便是幼儿园特别安排的家庭教育培训，当和自己的事情发生冲突时，父母也会选择放弃参加。当然，这也和安排的课程内容有一定的关系。我们都知道，很多事情都有重复体验的机会，唯有孩子的成长是不可逆的。父母只有不断地学习和成长，才能做好孩子成长的陪伴者。只依靠外力不能从根本上改变孩子的行为，孩子需要父母的理解和支持。一些新闻报道过某些孩子长大后采取过激的方式处理问题，追溯孩子的成长足迹，人们发现，一定程度上都与父母不良的养育方式有关。

哈佛大学开展过一项历时 75 年的成人发展研究，这项研究可能是目前有关成人生活的研究中历时最长的。研究人员追踪了 724 位男性，询问了他们的工作、生活和身体健康状况，调查了这些人的子女等。从这项研究中得到的信息是：良好的关系能让我们更快乐、更健康。① 对这个研究的最简单的理解就是，良好的关系是一个人健康快乐的基础，人一生最基本的安全关系的建立源于孩子和父母之间的安全感，源于良好的家庭氛围和家庭关系。

（二）爸爸要积极参与孩子的成长

在现实生活中，孩子从小接触的大多是女性：在家里多由妈妈照顾，幼儿园的教师大部分都是女性，从小学到中学接触的教师中女性也占大多数。所以，不管是男孩还是女孩，都不同程度地缺乏男性对他们的影响。

我们通过观察发现，爸爸和妈妈在养育孩子的方式上存在不同。抱孩子时，妈妈通常会用相同的方式，让孩子体验到温暖和安全，爸爸经常会用不同的方式，希望通过不同的抱姿让孩子体验到不同的刺激；做游戏的方式不同，妈妈往往选择孩子熟悉的游戏，爸爸则喜欢新奇的、力量型的、冒险型的游戏；户外活动时，遇到弯曲或高低不平的路，妈妈倾向于绕路而行，爸爸则鼓励孩子尝试走这些走起来有些困难的道路；在生活中，对原则的坚持不同，遇到原则性的问题时，妈妈往往会迁就孩子，爸爸更强调规则；面对孩子的问题时态度不同，妈妈倾向于立即给予帮助，爸爸则鼓励孩子运用自己的智慧，尝试解决问题。有了爸爸的鼓励，孩子会变得更加勇敢和无畏。男孩对男性的认知是从与爸爸接触的过程中形成的，从爸爸身上，男孩学会了如何待人接物、如何关爱女性、如何担当责任。因此，男孩长大后身上都有自己爸爸的影子。爸爸在生活中给男孩提供了一种男性的生活模式。对于女孩来说，爸爸往往也是女孩将来选择另一半的重要参考。世界卫生组织的研

---

① ［美］乔治·维兰特：《那些比拼命努力更重要的事　哈佛大学研究了 75 年的幸福课》，刘晓同、牛津、李图译，南京，江苏凤凰文艺出版社，2018。

究成果表明，平均每天能与爸爸共处两小时以上的孩子智商更高，男孩更像小男子汉，女孩长大后更懂得如何与异性交往。

另有研究表明，与爸爸接触少的孩子可能存在易焦虑、自尊心不强、自控力弱等问题，表现为多动、依赖性强。因此，从婴儿早期，爸爸就要参与到孩子的日常生活中，满足孩子的情感需求，促进孩子的身心健康发展。

1. 生活中常见的场景

（1）一种是爸爸积极参与孩子的成长过程。

①爸爸积极参与到孩子的日常生活中去，包括洗衣服、喂饭、陪孩子玩等。

②爸爸喜欢用不同的姿势抱孩子，给孩子新鲜的感觉。

③爸爸经常和孩子玩力量型的、冒险型的活动，如跳到远处、爬到高处。

④爸爸鼓励孩子尝试新的东西，如拆开汽车玩具，看看它是怎么组装起来的。

⑤只要有时间，爸爸就会陪着孩子散步、玩玩具、踢足球等。

⑥爸爸经常和孩子讨论事情的解决方案，鼓励孩子尝试解决问题，关注问题解决的过程而不是结果。

（2）另一种是爸爸较少参与孩子的成长过程。当家庭中的祖辈认为爸爸不会照顾孩子，尤其是不会照顾婴儿期的孩子时，这种情况往往就会出现。

①爸爸希望抱一抱刚出生的婴儿，但家庭中的其他成员却以"笨手笨脚"为由，不让爸爸抱孩子。从孩子出生起，爸爸就被限制了和孩子的互动。等孩子长大了，爸爸也不知道该怎么和孩子相处。

②爸爸经常忙于工作，很少和孩子一起吃饭，参与孩子的事情的机会也很少。

③节假日里，经常是妈妈陪着孩子，很少有爸爸的身影出现。

④由于工作繁忙，爸爸常常早出晚归，与孩子的作息时间不同，和孩子的交流机会很少。

⑤有的爸爸认为养育孩子是女性的事情，主张男主外、女主内，将抚养孩子的事情全盘委托给孩子的妈妈。

⑥有的爸爸很少得到妈妈的支持，妈妈总说爸爸做得不好，导致爸爸直接放弃。

2. 爸爸参与的程度不同，对孩子的影响也不同

（1）爸爸积极参与孩子的成长过程，孩子可能会有如下表现。

①性格开朗、果断、自信、豪爽、独立，喜欢和他人交往。

②坚韧、大胆、思维活跃，喜欢尝试新的事物。

③男孩以爸爸为榜样，会对家庭负责，走向社会后也能负起责任。

④女孩选择择偶对象时以爸爸为标准。

（2）爸爸较少参与孩子的成长过程，孩子可能会有如下表现。

①做事不果断，多愁善感，性格懦弱。

②胆小怕事，性格孤僻，没有自信。

③不喜欢尝试新的事物。

④不善于和他人交流。

3. 执行方案清单

（1）爸爸参与，妈妈支持。若妈妈遇到问题，第一求助人是爸爸，让爸爸体验到重要性和成就感。爸爸也要主动地参与到孩子的成长过程中来，营造和谐的家庭氛围。养育孩子是夫妻双方的责任。

（2）家庭成员要给予支持。家庭成员不要打击爸爸参与的积极性。

（3）找到合适的互动方式。如果之前爸爸很少和孩子在一起沟通，缺乏和孩子沟通的技巧，真的不知道如何和孩子玩，那么不妨和孩子躺在一起听故事、听音乐或让孩子给你捶捶背，孩子也会很高兴。其实，孩子很多时候在意的是和爸爸在一起，这段时间里做什么都可以。

（4）专注地陪伴。如果孩子说"爸爸，陪我玩一会儿吧"，那么即便很累也不要推托。可以让孩子主导玩什么，爸爸在旁边陪伴就可以了。其实，和孩子在一起也是很好的放松方式。忙、累、压力大都不是爸爸远离家庭教育的理由。和孩子在一起的时候，要全身心地投入，和孩子在一起的质量比时间更重要。

（5）做好计划。如果爸爸确实工作繁忙，那么要把和孩子在一起的时间提前安排到日程上来。

4. 孩子的行为告诉我们：孩子的成长需要父母共同的爱

教育好自己的子女，是父母的一项重要职责。

富兰克林·罗斯福是美国历史上唯一连任四届的总统。他不仅治国有略，而且教子有方。他说："对儿子，我不是总统，只是父亲。"美国另一位总统乔治·沃克·布什，即便公务繁忙，也会抽出时间积极参加孩子的活动。他们都给父亲们做出了榜样。当然，这并不是说事业不重要。日常生活中，父母认真负责、积极进取的行为和态度也是孩子学习的榜样。因此，无论爸爸还是妈妈，都不要把忙和累作为远离孩子的借口，应该把孩子的成长当作事业发展的动力。与此同时，当和他人分享事业成功的经验时，一定要分享孩子的成长给予父母的动力，包括孩子给予父母的思考。其实，孩子也是父母学习的榜样，如对某件事的执着及对周围事物的好奇心等。

（三）关注孩子的团队意识

现代社会已经不是单打独斗的社会了，每个人都需要在一个适合自己的平台及高效的团队中充分地发挥自己的优势和特长，并在这个团队中体验到成就感。其实，我们每个人最先融入的团队就是家庭。如果孩子在家庭中体验到自己的重要性，孩子就会努力地遵守家庭的规则，这样有利于孩子社会规则的建立。在家庭中，孩子最早体验到的团队氛围是吃饭时的氛围。所以，当孩子能够坐着的时侯，父母就可以让孩子坐在稳定的地方，和家人一起坐在餐桌前吃饭，听家人一起讨论；当孩子能够说话时，让孩子说出自己的想法，这样孩子会很快乐。

1. 生活中常见的场景

（1）家人围着餐桌吃饭，孩子被安排在旁边的单独的餐桌上吃饭，没有和家人在一起。

（2）家人在热闹地说一件事情。孩子一张嘴，就被制止。"大人的事情小孩子不懂。"

（3）孩子对家里的事情提出自己的看法，即便孩子的建议是对的，家长也会说："小孩子懂什么。"

（4）家长禁止孩子参与到家里的事情中来。

（5）因为担心孩子受到伤害，所以家长限制孩子和小朋友玩，限制孩子参加集体活动。

（6）家长对孩子的要求是，只要学习成绩好就可以了，其他的不用管。

2. 不当的方式可能对孩子造成的影响

（1）事情不成功时，容易抱怨，不愿意在自己身上找原因。

（2）不喜欢和他人合作，人际关系不好。

（3）外向型的人表现得很强势，不愿意听从他人的意见，认为自己就是对的。

（4）内向型的人不愿意参加集体活动。

3. 执行方案清单

（1）围坐在一起吃饭。当孩子可以坐着的时候，让孩子和家人一起吃饭，让孩子感受家庭和谐的氛围。从家人共同完成吃饭这件事的过程中，孩子第一次体验到了团队的感觉。

（2）允许孩子把话说完。任何时候都要让孩子把话说完，并引导孩子说出自己对事情的看法，让孩子感受到自己的重要性和作用。

（3）家长的示范作用很重要。即便家长做错了事情，也不要隐瞒。孩子可以从中认识到任何人都会出错，有错误是正常的。重要的是直接面对和勇于承担责任。

（4）关注过程。允许孩子对家里的事情提出自己的看法，听取和尊重孩子的意见。如果孩子坚持自己的意见，那么可以让孩子尝试。即便失败了，也没有关系，要关注孩子解决问题的过程。让孩子积极地参与集体活动，体验团队合作的快乐。

（5）适当授权。在家庭生活中，家长要学会适当授权，让孩子负责自己力所能及的事情，如帮助家长倒垃圾、收拾自己的玩具角、饭后擦桌子等。家长可以和孩子一起完成一个活动或作品，让孩子体验团队的力量，并感受自己的重要性。

（6）向孩子求助。比如，打扫卫生时，让孩子帮忙做家务，或者让孩子负责一个区域，如玩具角、自己的房间等。等全家打扫完，和孩子一起欣赏一下整洁有序的家庭环境。

（7）随时或定期进行家庭沟通。让孩子积极发表自己的看法，这样有利于孩子自信心和责任感的培养。

（8）角色体验。结合故事进行角色扮演，让孩子通过扮演角色，体验团队合作的快乐。

4. 孩子行为告诉我们：孩子渴望成为团队中不可缺少的一员，并需要得到尊重和关注

孩子出生后，父母应该把孩子当成一个独立的个体，让孩子积极参与到家庭生活中来，让孩子体验到家庭生活的快乐，体验到自己是团队中不可缺少的人。家长应该是孩子互动资源的提供者，为孩子提供和不同年龄的人交往的机会，让孩子尝试与不同性格、不同年龄的人交往，建立团队合作的意识。

"让孩子体验主心骨的感受"也是多纳塔·艾申波茜的《童年清单》里列出的孩子成长清单之一。让孩子感受到因为他的帮助，父母感受到了轻松和快乐。比如，"因为有你的帮助，我们把客厅整理得很整齐"，或者"今天和你去公园，玩得非常开心"等。

（四）如何让孩子懂得爱

我们曾经举办过一个主题沙龙：留一份关爱给自己。参加当天活动的都是女企业家，通过热烈的讨论和分享，大家觉得自己爱他人比爱自己更多一些，因为女性创业者既要承担社会的责任，还要承担家庭的责任，尤其是对孩子的培养，但唯独没有好好关爱自己。长期的工作和生活的压力，导致自己心理失衡，也滋生了很多抱怨的情绪：虽然付出很多，但未必能得到家人的理解和支持。如果多给自己一点关爱，那么她们可能会换一个角度看待问题，可能会更好地平衡家庭和事业的关系。爱自己才会爱他人，才会理解他人的需要，给予他人最需要的支持和帮助。对于孩子来说也是如此。

现实生活中，有不少父母抱怨自己的孩子不理解、不心疼父母，不懂得感恩。但也有孩子说自己的父母也不怎么爱自己。虽然父母为孩子付出了很多，并不期盼孩子有什么回报；但孩子依然不理解。这就需要我们思考如何让孩子真正理解父母的爱，并把这种爱传递给父母及周围的人。这和家庭氛围和家庭对孩子的教养方式有关。曾经有人说过：如果你希望你的孩子爱你及周围的人，那么回家后好好爱你的丈夫或妻子。父母之间的恩爱，会对孩子起到潜移默化的影响。

1. 生活中常见的场景

（1）大家所有的关注点都在孩子身上，孩子稍有一点异常，全家总动员的局面就会出现。例如，新生儿一哭闹，家里人的第一反应就是孩子饿了，于是赶紧准备给孩子喂奶，或抱起孩子来不停地拍和摇。孩子并不吃奶，而且哭闹也没有停下来。

（2）妈妈的情绪不稳定，一旦急躁，就会认为不愉快的因素全都来自孩子，因而会对什么都不懂的婴儿乱发脾气或者冷漠置之。

（3）孩子回家后，想帮父母干点家务，家长立即说："只要学习好，其他事情一律不用你管。"孩子失去了表达爱的机会。

（4）家长过度关注孩子，一方面会导致孩子处处以自己为中心，另一方面会使孩子没有独立的空间。

（5）家长不让孩子参加集体活动，害怕孩子遭遇危险或受到伤害。即便孩子已经参加了集体活动，父母也会告诉孩子哪些活动可以、哪些不可以，并不允许孩子拒绝，使孩子不知道自己该做什么。

（6）家长对孩子过分严厉，担心娇惯孩子，任凭孩子哭闹也不予理睬。

（7）家长崇尚欧美国家的一些先进的教育理念和育儿方法。学习和借鉴本没有错，但若不加选择地模仿，忽略了环境和文化等其他因素的影响，反而不利于孩子的成长。

2. 不当的方式可能对孩子造成的影响

（1）不知道如何关爱自己最亲近的人，表达的方式欠妥当，往往好心办坏事。

（2）不理解他人的需求，想帮助别人却不知道如何做。

（3）缺乏团队合作精神，做事没有原则。

（4）凡事以自我为中心，很少顾及他人的感受。

3. 执行方案清单

（1）关注孩子积极的体验。给予孩子体验的机会，关注孩子做事的过程和感受，问孩子收获了什么。即便孩子做错了也不要责备，关注孩子的积极感受。

（2）接纳孩子的消极情绪。这会让孩子客观地看待自己，并学会管理自己的情绪。比如，当孩子哭闹时，针对不同的原因，父母要提供不同的护理方式。孩子通过和父母的互动确认自己的价值，也学会关爱自己。

（3）帮助孩子养成良好的生活习惯。比如，按时起床、吃饭、活动和休息等。定期的户外活动有助于孩子在活动中了解自己身体的功能，增加孩子的自我认知，更好地爱护自己的身体。

（4）父亲要给予支持。父亲积极参与到孩子的成长中去，缓解妈妈的焦虑情绪，可以使妈妈感觉到支持和鼓励，也会让孩子感受到父母之间的恩爱，让孩子有足够的安全感。

（5）营造和谐的家庭氛围。这会让孩子感受到温暖和爱。家庭成员有不同意见时，最好不要当着孩子的面发生争吵。

（6）让孩子积极参加集体活动。做什么并不重要，重要的是孩子可以通过活动体验团队协作与关爱。

（7）给孩子表达爱的机会。父母不仅要通过日常生活给予孩子无私的爱，也要给孩子表达爱的机会，并对孩子的行为表示感谢，让孩子体验付出后的愉悦感。

4. 孩子的行为告诉我们：爱自己才会爱他人

多纳塔·艾申波茜的《童年清单》里特别强调了"让孩子有一本《我小时候的相册》"，父母可以在这里记录孩子生活中的点点滴滴，通过这些记录，孩子会体验到父母的陪伴和爱。也可以让每个孩子给自己画一幅自画像，引导孩子想象一下自己长大了会变成什么样，让孩子对自己的未来充满期待。这些都是让孩子感受父母的爱的方式。美国纽约大学曾经做过一个触摸心理实验，结果表明缺乏和父母身体接触的孩子，长大后很可能缺乏温情和体贴，而且这样的孩子长大后也可能会变得不自信，自我评价比较低，不懂得如何向别人传达自己的快乐情绪，对他人也没有亲和力。日常生活中，父母应多给孩子一些拥抱和爱抚，让孩子通过身体的接触，感受父母的关爱。

有一次讲座结束后，一位妈妈满眼含泪地说："我为了孩子倾注了自己全部的心血，可是孩子不理解我。"可她的孩子却说，他不知道怎么做才能让妈妈满意，他也觉得妈妈很辛苦，可每当帮助妈妈做些力所能及的事情时，都会被妈妈拒绝，孩子也很苦恼。在生活中，父母要给予孩子表达爱的机会，只有充满爱的生活才是幸福的。

⭐ 三、家庭看护与行为特点

（一）孩子在阅读时出现错行和漏字的原因

有部分孩子在阅读绘本故事时会出现错行或漏字的情况时，家长大多会非常生气，往往认为是孩子不认真、不仔细造成的。其实，孩子的这种行为是家长在日常生活中培养出来的，不能怪罪孩子。在婴幼儿阶段，家长唯恐孩子"输在起跑线上"，特别急于让孩子看书认字，认为提前认字有助于孩子的学习等。有资料表明，单纯地认字并不能提升阅读能力，过度强调认字反而会影响孩子的阅读。从生理上讲，孩子真正具有独立阅读的能力是在5岁左右，因为孩子在5岁左右眼睛的功能才发育完善，并具有一定的专注力和目标性，孩子的语言表达也趋于成熟。但这并不是说婴幼儿时期的孩子不能识字阅读，这就需要家长了解孩子的特点，并掌握科学的方法。

1. 生活中常见的场景

（1）家长急于让孩子认字。为了吸引孩子的注意力，家长给3岁之前的孩子点读文字或图片，手指的跳跃幅度比较大，并且一次给孩子很多图片，在很短的时间内频繁地更换图片，希望孩子认识更多字。

（2）家长给3岁之前的孩子看的图片和文字是混在一起的，并且图片上的文字很多。如果一张图片上有很多文字，就会造成孩子的视觉混乱。

（3）为了让孩子安静下来，家长长时间让孩子看手机、电视等电子产品。

（4）家长把认知锻炼作为重要的目标，孩子的自由活动减少，这会影响孩子运动统合能力的发展。统合能力发展不协调会影响学习能力的提高。

（5）家长让3岁左右的孩子练习写字或画画。由于孩子手的小肌肉力量不够，过早强迫孩子练习会使孩子的握笔姿势不正确，甚至手指变形。另外，由于手的力量不够，写字太用力，影响未来书写的速度，也会影响孩子学习的兴趣。

2. 不当的方式可能对孩子造成的影响

（1）写作业时经常错行或漏字。若孩子一直被家长批评不仔细或不认真，他也会逐渐

对自己缺乏信心。

（2）写作业时，在草稿纸上写的是对的，写到作业本上时写的可能就不是原来的答案了。

（3）读书时会跳行，即隔一行看下一行，把中间的一行漏掉。

（4）注意力不集中，不喜欢看书，会觉得比较累。

3. 执行方案清单

（1）准备简单清晰的图片。给婴幼儿时期的孩子选择图像单一、清晰的图片，一张图片上的文字不要太多，每次提供的图片数量也不要太多。

（2）滑动认读。给3岁之前的孩子读书时，用滑动认读的方式，速度不要太快。不要用点读的方式。点读时，手指的动作幅度比较大，孩子喜欢动的东西，会被手指的动作吸引，而不专注于看图片和文字了；同时，快速点读会影响孩子的视觉稳定性，长期这样就会造成阅读及写作业时的错行、漏字等。

（3）掌握阅读的时间。3岁左右的孩子每次阅读的时间不要太长，最好控制在10分钟左右。当然，若孩子非常喜欢听故事，可以适当延长时间。

（4）手的锻炼很重要。单纯就写字来说，孩子的手指灵活性和控制力需要发展到一定程度才可以完成。这些能力是通过日常的活动锻炼出来的，如自己吃饭时使用勺子和筷子、穿衣服时扣扣子、玩玩具等。父母要关注日常生活中的活动对孩子综合能力的锻炼，不要只关注知识技能的锻炼。

（5）户外活动是必需的。尤其是在孩子运动能力发展的基础阶段（0~2岁）和转折阶段（2~4岁），户外活动非常重要。丰富的户外活动是运动统合能力发展的基础，更是学习能力发展的基础。

（6）要控制好孩子看电视的时间。3岁之前的孩子最好不要看电视；3岁以后的孩子，每次看电视的时间应控制在10~15分钟，每天看电视的时间不要超过半小时。

（7）注意光线和色彩对孩子视觉发展的影响。注意给孩子选择的阅读物的质量，尤其是3岁之内的孩子。选择的读物单页色彩不要太多，颜色应简单、容易分辨。

（8）允许孩子重复。孩子喜欢看重复的图片，父母要允许孩子重复，因为重复可以让孩子积累经验。允许孩子看自己喜欢的图书，即便这本书已经看了一个月的时间了，父母也要和孩子一起阅读。

4.孩子的行为告诉我们：不当的指导会造成不利的影响，要尊重生命成长的规律

大多数家长在给婴幼儿看图片或文字的时候，喜欢用手指反复点着看，并且手指不停地在图片或文字上上下跳跃，误认为只有这样才能吸引孩子的注意力。从生理上讲，婴幼儿期孩子的视觉正在发育的过程中。我们以看电视为例进行说明。这个年龄阶段的婴幼儿喜欢看电视，因为电视中的镜头变化快，适合孩子视觉活动的特点，另外孩子也喜欢看动的东西。不过，婴幼儿看电视的时间不能太长。一方面，看电视时间太长会引起孩子的视觉疲劳；另一方面，影响孩子的视觉稳定性。长期下去，孩子的视觉发育会受到影响，错行漏字等家长认为的学习不认真的现象的出现也与此有一定的关系。法国对婴幼儿看电视有严格的法律规定，即不允许3岁以下的孩子看电视。这种规定虽然有点过激，但也是从孩子的生理发育特点出发的。现代科技在某些方面会对孩子产生不利的影响，家长不要把孩子交给电子产品，因为这些只能让孩子单方面地接受信息，不能让孩子进行沟通和交流。

另外，不要强迫孩子过早地练习写字，孩子写字需要一些能力。例如，需要手的小肌肉群有控制力，手眼脑有很好的协调能力。从婴幼儿的发展规律来看，孩子在13～18个月时能随意涂鸦，25～30个月时能模仿画直线，31～36个月时能模仿画圆、十字形等。对于孩子来说，认字和写字都不是最终的目的，最重要的是让孩子养成喜欢阅读及学习的习惯。学龄前孩子的运动统合能力的发展对未来的学习能力的发展有着非常重要的作用，家长不要一味地关注知识技能的掌握，而忽略了日常的活动对孩子运动统合能力发展的重要性。

（二）模仿——长大后我就成了你

孩子自出生就具有模仿能力。医学专家通过观察发现，新生儿就会模仿成人伸舌头等面部表情动作。模仿是孩子成长过程中必须经历的，是孩子掌握各种技能及养成习惯的最有效的方法。2～3岁的孩子特别喜欢模仿周围的人、小动物，以及电视里的动漫人物，如很多男孩子喜欢奥特曼，女孩子喜欢动画片里的小公主等。父母是孩子的直接模仿对象。

家长做什么，他就要做什么，如扫地、擦桌子等。有时，孩子突然地就冒出一句家长从没教过他的话，有时还可能是不太文明的话。这些都是孩子的模仿行为。孩子的模仿就是无意识的学习过程，所有看到的、听到的都会储存在大脑里，也不能进行甄别和区分，这就要求家长要特别注意自己的言行。

1. 生活中常见的场景

（1）孩子模仿家长做家务，家长却认为孩子碍事或者有危险。家长更喜欢让孩子去做能提升知识技能的活动，如看书、画画等。

（2）孩子喜欢和比他大的小朋友玩，经常模仿大孩子的行为，包括一些不好的行为。

（3）孩子模仿家长的语气、语调及说话时的肢体动作。

（4）家长到处扔东西，孩子也会到处扔自己的东西，但家长却经常责备孩子没有秩序。孩子的玩具随意堆在一起，孩子很难找到自己喜欢的玩具，导致经常要求家长购买玩具。

（5）孩子在说话的过程中经常被家长打断。家长经常说"好了，我知道你要说什么了"，或者直接让孩子闭嘴。

（6）家长随意答应孩子的要求却不兑现，当孩子提出来时，家长却不承认。

2. 不当的方式可能对孩子造成的影响

（1）不会倾听，经常打断他人说话（源于幼年的时候说话经常被他人打断）。

（2）做事情丢三落四，不知道自己的东西放在了哪里。

（3）做事情没有秩序。

（4）即便是自己选择的事情，有时也很难坚持下来。

（5）对周围的环境适应速度很慢。

3. 执行方案清单

（1）家长要注意自己在日常生活中的言行。比如，保持良好的生活习惯、卫生习惯，言谈举止也要注意等。家长希望孩子怎么做，最简单的方式是家长按照自己希望的样子做给孩子看，而不是说给孩子听。

（2）给孩子模仿的机会。在安全的情况下，让孩子积极参与到家庭生活中来，给孩子模仿和体验的机会。比如，注意和孩子说话的方式，一定要注意语气、语调，因为孩子会模仿家长的语言表达方式。

（3）模仿孩子的积极行为。家长可以模仿孩子的积极行为，如及时整理玩具、说话有礼貌、等待时保持安静等，让孩子学会自我欣赏。

（4）不要轻易许诺孩子。尤其在孩子有情绪的时候，不答应他的任何要求；当孩子平静后，再引导他说出自己的要求。在规定范围内，可以答应孩子的某些要求。如果答应了孩子的要求，父母就一定要兑现，给孩子树立榜样。

（5）客观看待社会上的事情。不管是周围消极的行为还是积极的行为，家长都可以和孩子分享。尽量做到客观、公平，因为家长的看法会影响孩子的判断。当然，也要允许孩子说出自己的想法。

（6）让孩子积极参与集体活动。孩子之间的交流方式和与成人的交流方式不一样，家长要允许孩子模仿其他孩子的行为。

（7）示范与分享。如果希望孩子有阅读的习惯，那么家长首先要有阅读的习惯；如果希望孩子爱运动，那么家长首先要爱运动。家长要从所做的事情中发现好玩的地方，并与孩子分享，而不是要求孩子把完成这件事情当作目标。

4. 孩子的行为告诉我们：长大了我就成了你

在一次家长沙龙上，一位妈妈分享了自己的经历。她说自己的女儿很喜欢读书，即便在读研究生期间，每年也能读近百本书。

一位朋友问女儿为何那么喜欢读书。女儿说："有一次，家里停电了，爸爸妈妈点着蜡烛还在看书，这让我觉得看书是一件很重要的事。"这位妈妈说自己已经不记得点着蜡烛看书的事情了，可是孩子还记得。家长不经意的举动会影响孩子的行为，甚至会影响孩子的一生。

模仿是孩子迈向独立的途径。孩子通过模仿积累经验，体验自己的能力。当他感受到自己拥有一定的能力的时候，孩子就会积极主动地参与到活动中，在过程中验证自己的能力。当孩子说"我来，我自己来"时，他就希望以此验证自己的能力。日常生活中，在安全的情况下，父母要给孩子提供足够的体验的机会，鼓励孩子自己去尝试。

　　模仿是孩子最直接、最高效的学习模式。父母则是孩子身边最重要的教师，言传身教，润物无声。对于年幼的孩子来说，行胜于言，身教重于言教。作为父母，我们的言谈举止、对待生活和工作的态度就是孩子最好的榜样。

（三）重复——重播快乐的过程

　　我们先做一个游戏。准备一张纸和一支笔，在纸上画一个圆圈。你可能画得很圆。我们回忆一下我们童年时期画圆的过程：2 岁时画的圆是什么样的？ 4 岁时画的圆是什么样的？ 10 岁时画的圆又是什么样的？我们重复了多少次，才能画出一个非常圆的圆！

　　在日常生活中，家长经常会遇到这种情况。孩子让你反复讲一个故事，你都讲了一个多月了，孩子还在不厌其烦地听。如果你不小心讲错一个细节，孩子就会提醒你讲错了，要求你重新讲。孩子对感兴趣的玩具，会非常用心地研究。他也许会把刚买的新玩具拆得七零八散，同样的玩具，你可能要买上五六个。有时，你可能会生气，忍不住吓唬孩子："要好好爱惜，再弄坏，下次不给你买了。"

1. 生活中常见的场景

　　（1）孩子要反复听一个故事，都听了一个多月了，还要听。家长很不耐烦地给孩子讲，有时还会对孩子发脾气。

　　（2）孩子不厌其烦地做一个活动，如反复玩拖把、玩水或拆东西等，但经常被家长制止或训斥。

　　（3）孩子觉得好玩或想得到家长更多的关注，于是，经常重复说一句话。

　　（4）孩子要买同样的玩具，但每次都把玩具拆散，于是，经常被家长训斥。

　　（5）孩子喜欢反复开门、关门，经常被家长制止。

2. 不当的方式可能对孩子造成的影响

　　（1）缺乏自信，害怕失败，不愿意尝试具有挑战性的事情。

　　（2）没有主见，经常会受到别人的干扰。

　　（3）做事情不够专注，容易半途而废。

3. 执行方案清单

（1）允许孩子重复地说。3~4岁的孩子喜欢重复地说一件事，有时一定要家长看着自己，希望家长专注地听。一方面，孩子是在整理自己的语言逻辑；另一方面，孩子希望得到家长的关注。

（2）尊重孩子听故事的习惯。孩子在反复听一个故事的过程中，在梳理故事的逻辑，确认故事的情节和结局是否和他想的或者听到的一致。孩子要求反复地听，说明孩子还没有完全理解故事的情节和逻辑，这个过程是孩子内在的学习过程。

（3）不要干扰孩子的重复活动。如玩水、玩沙子、玩积木、涂鸦等，这些创造性的活动可以激发孩子的探索欲望。但家长要保证孩子的安全，尤其是在孩子玩水的过程中。

（4）允许孩子反复拆卸和组装玩具。孩子是在研究玩具的内在结构。我曾经观察过很多孩子的这个过程，当和孩子分享时，孩子的表达会给我们很多惊喜。家长要给孩子探究他们可控的物体的机会。除非孩子有需要，否则不要给予孩子过多的指导。过多的指导和帮助会影响孩子的积极性。

（5）不给予评价。在确保安全和遵守规则的情况下，不要对孩子的事情做任何评价。孩子的探索过程中没有绝对的对和错，家长要关注过程，不要关注结果。

（6）关注孩子是否有异常行为。如果孩子重复进行一个活动持续时间超过5小时，并且孩子有沟通障碍，那么建议家长去专业机构咨询，排除异常情况或者做到早发现、早治疗。

4. 孩子的行为告诉我们：重复让孩子体验成就感，重复即重播快乐的过程

世界上很多发明都是无数次重复的结果。伟大的发明家爱迪生做了数千次实验才发明了电灯。当时很多人劝他说，已经做了那么多次都失败了，不要再做了。他自己却说，不是失败了数千次，而是成功了数千次，成功地证明了哪些方法是行不通的。可见，成功是建立在重复之上的，因为每一次的经历都会带来经验的积累。对待问题时，我们要有积极的态度和行为。我们可以回忆一下孩子学走路的过程：摔倒了，爬起来，再坚持走。这个过程中，孩子反复了很多次，每一次的经历都会让孩子有不同的体验和感受。经过反复的体验和积累，孩子终于找到了走路的技巧，突然有一天，孩子就会走了。

一个妈妈曾经因为2岁的孩子反复玩家里的拖把而苦恼。她说，孩子不喜欢买回来的

贵重玩具，而是喜欢上了家里的拖把，总模仿妈妈拖地。家长很不理解孩子的行为。其实，在孩子成长的过程中，他更喜欢做自己看到的事情。孩子模仿家长的行为，一方面是因为孩子会觉得有一天他也会做这样的事情，这是孩子自我成长的过程；另一方面是因为孩子觉得拖把很好玩。但对于孩子来说，拖地的动作并不简单，他既要集中注意力，又要保持身体的平衡。开展任何新的活动都是一项伟大的工程，都需要不断重复并积累经验。我们只看到了孩子外在的活动，却忽略了孩子内在的快乐和成就感。比如，孩子喜欢长时间观察树下的蚂蚁、喜欢反复爬上沙发靠背等，孩子获得的收获都是我们看不到的。

我们经常说，一次付出就会有一次收获。其实，付出不一定会有收获，但一次付出一定是一次积累。积累的次数多了，孩子一定会有收获。

（四）生活中的色彩对孩子的影响

我们习惯性地认为孩子需要五彩缤纷的世界，其实不然。孩子的年龄不同，需要的色彩也不同，不同的色彩对孩子的影响也有差别。由于婴儿的视觉分辨能力有限，如果居住房间的色彩过于复杂，那么会使婴儿产生视觉疲劳，同时也会影响婴儿的专注力。很多幼儿园和托育机构装修时使用的颜色也很丰富。但实际上，我们要对场合进行区分。比如，娱乐城就需要有五彩缤纷的颜色，因为在这个环境中，我们希望孩子兴奋起来，释放身体的能量。但是对于幼儿园和托育机构来说，孩子在某些时候需要安静下来，因此，环境中的颜色不要太多或太跳跃。如果颜色的运用符合教育理念，就需要专业设计、合理呈现。此外，最好集中在某个地方，不要大面积地呈现太多的颜色，否则会影响孩子的专注力。

1. 生活中常见的场景

（1）家长按照自己的想象和喜好，把孩子的房间装扮得五颜六色，结果有的孩子反而不喜欢待在房间里。家长很疑惑：这么漂亮的房间孩子为何不喜欢？

（2）家长在房间内为新生儿期的孩子悬挂多种颜色的玩具，但这些玩具却并没有引起孩子的关注。

（3）家长给孩子很多图片，每张图片上有多种颜色或图案，孩子不会很专注地看。

（4）家长急于让孩子认识颜色，每次给孩子呈现多种颜色让孩子指认。

2. 不当的方式可能对孩子造成的影响

（1）注意力不集中。

（2）做事情不注意细节，没有秩序。

（3）很难分辨出颜色之间的差异。

3. 执行方案清单

（1）选择适合婴儿期孩子的图片。给孩子看的图片，每张图片上的颜色最好只有一种，这样不会引起孩子的视觉疲劳或混乱。

（2）提供一定数量的玩具。每一次给予3岁之前的孩子的玩具的数量最好不要超过3个，玩具最好放在玩具筐里。

（3）有效地使用认识颜色的方法。引导孩子认识颜色时，最好让孩子先认识一种颜色，再认识另一种颜色，并且不同颜色的差异性要比较大，方便孩子辨认。不要一次给孩子呈现很多种颜色，尤其在开始的时候，不要给孩子呈现相近的颜色，否则孩子不容易区分。很多相近的颜色，我们成人也很难描述清楚。

（4）孩子房间的色彩建议。房间内的颜色不要太多，也不要过于复杂，过于复杂的颜色会让孩子感到不安全。房间内的家具颜色不要太过于鲜艳。过于鲜艳的颜色，容易让孩子兴奋。可以选用温和的颜色。可以在墙面的局部使用带有鲜艳的颜色的图画进行装饰，以避免房间过于单调。可以和3岁以后的孩子讨论使用什么颜色装饰自己的房间、使用什么颜色的家具等，可以和孩子一起布置房间。

4. 孩子的行为告诉我们：孩子的世界是五彩的，但过于复杂的颜色也会对孩子有不利的影响

色彩可以通过眼睛给予人不同的刺激和感受。不和谐的色彩如同噪声一样，会让人焦虑不安，而和谐的色彩则会让人有赏心悦目的感受。生理学研究证实，婴儿对纯红色与纯黄色比较偏爱，一般而言，两个月左右就能正确区分红色和绿色了，四个月左右就能区分黄色和绿色了。色彩的纯度、亮度、饱和度越高，对视觉的刺激越强。澳大利亚心理学家的实验证明，儿童，特别是学龄前儿童，对事物的认识、辨别、选择多是结合对视觉有强

烈感染力的色彩进行的。为了让孩子在环境里更加专注于自己的活动，幼儿园和托育机构的装饰和装修的色彩应以乳白色为主色调，因为乳白色传递着温暖、爱和安全感。可以在局部使用色彩鲜艳的图画进行装饰，这样的做法既避免了过多的颜色对孩子的专注力的干扰，又满足了孩子对色彩的要求。幼儿园和托育机构属于教育场所，不是娱乐场所，我们希望孩子能够在这里安静而专注地探索，教师和小朋友们能够互相陪伴。娱乐场所五彩缤纷的色彩可以使孩子兴奋、活跃起来，这是娱乐场所的功能。虽然我们倡导孩子要边玩边学，但这两种场所有着本质的区别。

（五）孩子不愿意理发和洗头的原因

很多孩子从很小的时候就不喜欢理发和洗头，幼儿园里也时常有家长反映这样的问题。理发和洗头对孩子来说都是非常具有挑战性的事情，即便家长做了充分的准备，也无法完全避免孩子哭闹和发脾气。孩子害怕理发和洗头，与孩子触觉的发展水平低有关，也和孩子缺乏安全感有关。针对这种情况，家长首先要满足孩子的触觉需要，给孩子足够的触觉刺激，经常给孩子（尤其是早产和剖宫产的孩子）做身体和头部的按摩。

1. 生活中常见的场景

（1）孩子被长时间抱着，很少进行翻滚、爬行等体位变化的活动，所以，孩子不适应洗头时的体位变化。

（2）孩子在理发、洗头的时候大哭大闹，家长摁住孩子的头强迫他们理发、洗头。

（3）每次理发时，孩子都会哭闹，总被家长说教或训斥。

（4）孩子处于婴儿时期时，家长就很小心地触摸孩子的头。若不小心碰着孩子的头了，家长往往表现得比较紧张。

（5）孩子理发和洗头前，家长反复告诉孩子不要害怕等，反而让孩子感觉这很可怕。

2. 不当的方式可能对孩子造成的影响

（1）比较敏感，容易发脾气。

（2）不喜欢和他人交往，不愿和他人近距离地交往。

3. 执行方案清单

（1）经常性的抚触很重要。要经常给孩子做身体和头部的按摩。尤其对于婴儿期的孩子来说，每天的抚触很重要。

（2）掌握正确的洗头方法。在洗头时，让孩子的身体尽量靠近妈妈的胸部，较密切地与妈妈的上身接触。孩子的头部也不要过分倒悬，稍微倾斜一点便可以了，这样可以增加孩子的安全感。反复几次，孩子不愿洗头的情况就会好转。在洗头的过程，要语气平静地和孩子说话。

（3）正常对待，慢慢过渡。如果孩子哭闹得厉害，家长就不要强迫孩子一定要理发了。可以根据孩子的情况，适当调整理发次数，逐渐让孩子适应。把每次理发或洗头看作很正常和自然的事情。事前不要一直安慰孩子，不要不停地说"理发很舒服，不要害怕"等。这会让孩子觉得这件事情很重要、很可怕，增加孩子的心理负担。即便孩子哭闹，家长也要表现得淡定。家长不着急，孩子也会很快地安静下来。

（4）尊重孩子喜欢的方式。面对较大的孩子时，我们可以让他选择自己喜欢的方式。每次理发和洗头后，和孩子分享一下前后的不同。注意要使用积极的语言和孩子沟通。

4. 孩子的行为告诉我们：有效的准备会避免孩子不愉快的情绪的产生

从生理发育角度看，头是孩子触觉敏感的部位。如果孩子（尤其是早产、剖宫产或被过度看护的孩子等）出生后，家长没有给孩子适当的触觉刺激，那么孩子很可能触觉敏感，理发和洗头时容易产生不安全感而引起哭闹。在日常生活中，妈妈可以多给孩子做身体和头部的抚触，这样会增加孩子的安全感。

当然，除上述原因外，孩子在理发和洗头时易哭闹的原因还可能有以下几个。比如，一个姿势保持的时间比较长，孩子感觉很无聊；理发工具的声音让孩子感到紧张；洗头时体位的变化，如身体横放悬空，让孩子感觉自己没有办法控制自己的身体而产生恐惧；孩子对理发店的环境和人比较陌生。这些因素均会引发孩子的哭闹。因此，生活中，家长可以通过绘本故事或游戏让孩子了解一些基本常识。家长和孩子沟通的时候要安静平和，告诉孩子这是很平常的事。对婴幼儿时期的孩子进行身体和头部的多种形式的按摩也是比较有效的方式。

（六）如何看待孩子扔东西的行为

每个阶段的孩子都有其独特的活动方式。9～10个月的孩子的运动能力已经有了很大的提高，两只手的控制能力和协调性有了很好的发展，他们可以对击玩具、用手指捏响会发出声音的橡胶玩具、用拇指和食指对捏小的物品等。这时，孩子很喜欢把手中的玩具一个接一个地扔到地上，直到扔完。如果家长把孩子扔掉的东西又捡了回来，孩子就会觉得这是两个人一起玩的游戏，是和家长互动的一种方式，兴致会更高。这种扔东西的行为，会随着孩子年龄的增长及思维能力的发展逐渐消失。

1. 生活中常见的场景

（1）孩子把自己手中的玩具扔出去，让家长捡回来，拿到捡回来的玩具之后继续扔。有的家长看到孩子不停地扔玩具，就把玩具收起来，不让孩子玩。

（2）孩子用扔玩具的行为吸引家长和他玩，希望自己的行为引起家长的注意。当家长走近他时，他边扔边笑，很开心，但很多家长会制止孩子的这种行为。

（3）孩子喜欢听玩具掉到地板上的响声，因此会把所有的玩具都扔下去。但当玩具扔得很远，孩子看不见的时候，他会哭。

（4）家长对扔东西的孩子大喊大叫、大声训斥，却不知这样的做法不仅无法收到好的效果，反而会强化孩子的行为。

2. 不当的方式可能对孩子造成的影响

（1）面对新的环境时不积极。

（2）不愿尝试新的事物。

（3）容易发脾气，发脾气时容易摔东西。

3. 执行方案清单

（1）鼓励孩子进行有序互动。正常情况下，孩子扔玩具或者扔其他东西的行为是一种探索性行为，他想知道把玩具和其他东西扔出去会有什么结果，或者会发出什么声音。家长可以给孩子准备一些可以扔的玩具，将它们放在一个固定的玩具筐里，并和孩子一起玩这些可以扔的玩具。孩子慢慢就会理解这个筐里的玩具是可以扔着玩的。选择不同质地的玩具，它们落地时可以发出不同的声音。注意，这个活动结束时，要和孩子一起把玩具放回原来的地方。整理玩具的行为有利于孩子生活秩序感的建立，即便是婴儿，也要这么做。

（2）鼓励孩子观察与分享。准备可以滚动的球和不能滚动的积木或其他玩具。在玩的过程中，引导孩子观察什么样的玩具扔出去后可以自己滚动、什么样的玩具不能滚动，观察物体的自然属性，激发孩子对玩具的兴趣。

（3）清楚地告诉孩子规则。对于 2 岁左右的孩子来说，如果孩子故意扔食物或其他不能扔的东西，那么家长要严肃地告诉孩子这些东西是不能扔的，并让孩子自己把东西捡起来放回原来的地方。当孩子吃饱饭后坐在餐桌前往地板上扔食物时，家长要及时把饭菜都拿走，或者让孩子到远离食物的地方去玩。

（4）家长的行为示范很重要。日常生活中，家长要把自己的东西放在固定的地方，最好轻拿轻放，并使其保持整齐，不要随意一扔，因为孩子会模仿。

4. 孩子行为告诉我们：扔东西是一种互动方式，也是孩子的探索性行为

从孩子 10 个月开始，其感觉运动的发展便进入了新的时期。孩子能够把一个玩具拿到手里，仔细观察并变化抓握的方式，然后把玩具扔出去、捡回来、再扔出去，在反复的活动中通过眼睛看、耳朵听、双手抓握和扔捡等，把相关信息整合起来。随着孩子年龄的增长，其动作会更加灵活和协调。孩子通过活动积累了经验，学会了如何利用周围的环境发现乐趣，这会让孩子相信自己的感觉和能力，有利于自信心的建立。

（七）如何养育不同性情的孩子

孩子性情各不相同，针对不同性情的孩子，家长要采取不同的教养方式。美国的约翰·格雷在《孩子来自天堂》一书中，根据孩子在日常生活中表现，将孩子的性情分为 4 种类型，即活跃型、接受型、反应型、敏感型。①

---

① ［美］约翰·格雷：《孩子来自天堂》，周建华、邢知、杨晓贤译，42～53 页，北京，九州出版社，2018。

　　活跃型的孩子在生活中的表现：对任何事情都有高度的热情，喜欢体验新鲜的事物，做事情的效率很高，并且在团队中有很好的组织能力，喜欢指挥他人做事情。生活中的"孩子王"就属于这种类型。

　　接受型的孩子在生活中的表现：做事情按部就班，非常有秩序；对任何事情，有统筹的考虑，并有完整的方案和计划。

　　反应型的孩子在生活中的表现：对什么事情都感兴趣，但不够专注，容易受到外界环境的干扰，经常一件事情才做了一半，注意力就已经转移。

　　敏感型的孩子在生活中的表现：胆小、爱哭、黏人，需要有熟悉的人在身边，不愿意和他人接触，对环境的适应速度较慢，缺乏安全感。

　　1. 生活中常见的场景

　　（1）活跃型的孩子：经常坐不住，容易被家长说患有"多动症"，所以经常被限制活动。

　　（2）接受型的孩子：听话乖巧，被大家喜欢；听从家长的安排，一般不会反抗；不开心时不会大声哭；有时独自待着，问他怎么了，他也不太愿意说。接受型的孩子在集体活动中容易被忽略。

　　（3）反应型的孩子：总在不停地跑来跑去，可能会手忙脚乱，容易打翻东西，经常被家长训斥。

　　（4）敏感型的孩子：经常需要家长陪伴，被家长说黏人、不大方、胆小等。这样的说法会让孩子变得越来越胆小。

　　2. 不当的方式可能对孩子造成的影响

　　（1）如果被过度限制，活跃型的孩子就会变得不自信。

　　（2）如果没有得到鼓励和支持，接受型的孩子就会创新意识不足。

　　（3）如果没有得到适当引导，反应型的孩子就会脾气暴躁，做事没有规则。

　　（4）如果没有得到及时照应，敏感型的孩子就会变得更不自信。

3.执行方案清单

（1）给活跃型的孩子充分的权利。这种类型的孩子精力旺盛，家长要给予孩子足够的权利，让他充分发挥自己的优势。如果引导得当，那么孩子很可能成为领袖人物。在日常的生活中，家长不妨让孩子做些力所能及的事情，如让孩子自己收拾玩具、整理自己的房间和书包、倒垃圾等。

（2）接受型的孩子需要鼓励。这种类型的孩子往往规则意识比较强，表现得比较拘谨，有想法也不轻易说出来。所以，要鼓励孩子积极参与到其他事情当中去。开始时要给予孩子陪伴，让他感受到安全。一旦确认是安全的，孩子就会对任何事情应对自如。

（3）给反应型的孩子制定规则。给孩子定的规则不能太多，规则应该是孩子能理解且能做到的，是没有影响孩子的兴趣和限制孩子的能力的。制定的规则应是针对家里所有人的，不能只限制孩子。在遵守规则的前提下，家长和孩子不妨先一起专注地完成一件事，再去做另一件事。如果孩子没有完成某件事并想要放弃，那么家长应该鼓励孩子做完，通过有趣的方式吸引孩子，直到完成后再做另一件事。

（4）敏感型的孩子需要更多的安慰和理解。这种类型的孩子表现得比较黏人，非常不独立。这一方面和孩子的性格特点有关，另一方面也和家庭的看护方式有关。敏感型的孩子属于高需求的孩子，当孩子有需要时，家长应该积极地回应。当孩子确认周围是安全的，孩子就会变得独立和自信。有时孩子需要的只是家长专注的陪伴。

4.孩子的行为告诉我们：尊重不同个性的孩子，助力孩子成为优秀的自己

虽然从理论上来说，孩子的性情可以这样分类；但现实生活中，每个人都是一个综合体，每个孩子在某个阶段或某件事情上的表现都是不一样的。这也是孩子发展的阶段性及个性特点的体现。在幼儿园的一日生活中，我们仔细观察就会发现，不同的孩子表现不同，教师要根据孩子的不同特点和不同的情景给予孩子适宜的机会和支持。家长需要理解，不是所有的活动都适合自己的孩子，孩子也不能在每件事情上都有突出的表现。因此，家长也要根据孩子的个性特点，结合生活中的情景，提供不同的教养方式，这样才有利于孩子综合能力的发展。

（八）特点和问题，个性和缺点

在孩子成长的过程中，家长应关注孩子的个性和特点，还是应关注孩子的缺点和问题？哪个方面更重要？这是值得我们思考的问题。在众多调查案例中，只有一位妈妈来咨询时说："我的女儿5岁了，她最近有这样的'特点'，我不知道该怎么办。"生活中常见的现象是，家长越是希望孩子解决某个"问题"，这个"问题"就越会存在。如果忽略孩子的问题，只关注孩子的个性，家长就会发现孩子没有问题了。从孩子成长的过程来看，孩子在每个年龄阶段都有其特殊的表现，同时也有其个性特点。所以，家长要分清是特点还是问题，是个性还是缺点。

1. 生活中常见的场景

（1）1岁左右的孩子喜欢扔东西，总被家长训斥或制止。

（2）1~2岁的孩子喜欢要别人的东西，被家长制止，"要别人东西的孩子不是好孩子"。

（3）2岁左右的孩子喜欢漫无目的地到处溜达，家长担心孩子的安全，限制孩子的活动。

（4）2岁左右孩子经常说"不"。家长认为一定改掉孩子执拗的脾气，避免未来不听话。

（5）2~3岁的孩子容易发脾气，甚至会"打人"，被家长教育，"打人的孩子不是好孩子"。

（6）3~5岁的孩子喜欢反复说某件事，但有时说的事情和现实情况不符，家长往往会说孩子在撒谎等。

2. 不当的方式可能对孩子造成的影响

（1）不知道自己喜欢什么。

（2）总觉得自己不如他人。

（3）没有业余爱好。

（4）缺乏自信，不确定自己是否具备完成事情的能力。

3. 执行方案清单

（1）准备适合的玩具。在孩子喜欢扔东西的年龄，给孩子准备适合的玩具（如皮球、乒乓球等），和孩子一起玩。游戏结束时，和孩子一起及时收拾好玩具。反复这样，孩子就会理解什么是可以扔的、什么是不可以扔的。

（2）不要过分关注孩子的消极行为。比如，不要过分关注孩子发脾气或打人的行为，适当转移孩子的注意力。

（3）提供正确的示范。当孩子争抢玩具或出现"打人"行为时，给孩子示范正确的做法，如问孩子"你想和他一起玩，是吗？你想和他握握手，是吗？"，同时鼓励孩子的积极行为。

（4）尊重孩子的个性和特点。和孩子分享做事情的过程，引导孩子说出自己的感受。不要轻易给孩子下定论、贴标签，尊重孩子的个性和特点。

（5）不要拿自己的孩子和别人比较。孩子之间没有可比性，孩子的成长受很多因素的影响，每个孩子都是独立的个体。即便比较，也不要横向比较，可以纵向比较。当家长发现某个阶段孩子进步了，要给予鼓励，这样可以帮助孩子建立自信。

4. **孩子的行为告诉我们：关注个性和特点比关注问题和错误更重要**

孩子的成长有差异性，也就是说，同一个年龄阶段的孩子在能力、性格等方面是不同的。比如，有的孩子性格外向，活泼好动；有的孩子性格内向，腼腆安静。家长应该了解孩子的个性特点，并站在孩子的角度考虑问题，千万不要用"你看隔壁的小明……"来说教自己的孩子，更不要轻易给孩子树立家长认为的学习榜样，这会让孩子更没有自信。在幼儿园的教学过程中，教师也不要拿孩子相互比较，要关注每一个孩子的个性和特点，关注孩子的闪光点，以发展的眼光看待孩子的成长。这也是对教师的职业要求。

不管孩子表现出怎样的特点和个性，家长都要接纳孩子的行为及感受，要给予孩子更多的允许，即允许孩子犯错误，允许孩子有缺点，允许孩子与别人不同，也就是允许孩子为人。在确保安全及遵守规则的前提下，支持孩子所有的想法，帮助孩子成为他应该成为的那个人。这才是做家长的真正的智慧所在。

（九）环境对孩子秩序感的影响

孩子的内在秩序是看不见的，只能通过日常的行为表现出来。这里所说的内在秩序是指孩子内在的生理成长秩序。比如，生长发育一般遵循由上到下、由近到远的发展规律；动作发展方面，孩子首先会抬头、翻身、坐，然后会爬、站立和行走。这些秩序不能打乱。孩子俯卧抬头不好的话会影响翻身，也会影响爬；爬不好的话会影响走路。也就是说，孩子发展的秩序有内在的连续性，一个环节发展不好，会对下一个环节的发展有不同程度的影响。

孩子的成长需要一个相对稳定、有秩序的环境。外在的环境也会影响孩子内在秩序感的建立。这一点在孩子幼年的时候表现得不是特别明显，但随着孩子的成长，会在日常生活中表现出来，甚至会影响孩子一生的习惯。

1. 生活中常见的场景

（1）孩子不会爬就会走路了。家长忽略了爬对孩子走路的影响。

（2）频繁地更换看护人和居住场所，外在的环境和看护人的习惯会影响孩子内在秩序的建立和安全感。因为孩子要不停地打乱刚刚建立好的生活秩序，来适应新的环境和习惯。

（3）孩子房间里的东西被随意地堆在一起，孩子不愿意在自己的房间里玩，甚至会发脾气。

（4）孩子的玩具被成堆地放在一起或几个大箱子里，孩子不知道该玩哪一个。孩子经常因为没有玩具玩而哭闹，导致家长不停地给孩子买新玩具。

（5）孩子的玩具、绘本等被混在一起，孩子不知道该玩什么、看什么。

（6）家长的衣服和孩子的衣服经常堆在一起，或者孩子四季的衣服都堆在一起，导致经常找不到某件衣服或者穿衣服大战常常发生。生活中常会出现这样的现象：在寒冷的冬天，女孩一定要穿裙子，把自己打扮成公主。家长试图说服孩子天气寒冷不能穿裙子，但引发孩子的哭闹，最后只能顺从孩子。

2. 不当的方式可能对孩子造成的影响

（1）做事情没有条理、没有效率。

（2）物品摆放不整齐，家里或办公室经常处于混乱状态。

（3）丢三落四，容易发脾气。

（4）做事情没有主见，常常人云亦云。

3.执行方案清单

（1）关注孩子的秩序要求。孩子在某个阶段会有以下表现，如要求把物品放在他想要放置的地方，要求妈妈必须穿某种颜色或某种材质的衣服，家里来人时必须他亲自开门等。这些都是孩子处于秩序敏感期的表现。家长要顺应孩子的要求。

（2）关注孩子学爬的环境。6～10个月是孩子学习爬的关键期。给孩子准备好爬的环境，不仅要让孩子学会爬，而且要让孩子体验不同形式的爬。不要让这个阶段的孩子使用学步车，长期使用学步车会影响孩子的身体平衡和协调能力的发展，也会影响孩子未来的学习能力。在孩子没有足够的爬的能力之前，不要着急让孩子学习走路。如果孩子有足够的爬的能力，那么学会站立、行走就是一个自然的过程。

（3）物品要归类、归位。孩子房间的物品要归类摆放，用过的东西最好放回原处。这看似不经意的动作，却能帮助孩子养成良好的习惯。

（4）设立玩具角。在家里设立一个玩具角，不用太大，孩子的双臂能够伸开就可以。玩具角里放置一个玩具架或几个玩具箱，上面要做好标记，引导孩子把玩具分类放置。可以按照形状、颜色或其他特点分类，这既是对孩子认知能力的锻炼，也是对孩子自我管理能力的锻炼，有利于孩子秩序感的建立。开始的时候，家长可以帮助孩子一起整理，慢慢地让孩子自己整理，并要求孩子把东西整理整齐。

（5）每次给孩子的玩具不要太多。太多的玩具堆放在一起会让孩子产生困惑，不知道该玩哪个玩具，同时会让孩子认为每天整理东西是没有必要的。让孩子轮换着玩各种不同的玩具，这能让孩子一直保持浓厚的兴趣。玩具的数量一次最好控制在3个左右。

（6）提供适合孩子放置自己的物品的地方。为孩子准备一个可以放置他自己的东西的地方，以培养其责任感。最好给孩子准备合适的挂钩来挂他的衣服，引导孩子把鞋子放在专门的地方。把孩子的衣服按季节摆放，这样有利于孩子快速选择，也有利于培养孩子的季节意识。

4.孩子的行为告诉我们：秩序感是生命成长的需要

家长的行为对孩子有着直接的影响。如果家长把东西放得乱七八糟，那么孩子也会放得杂乱不堪；如果家长讲究整齐整洁，那么孩子自然也会放得整整齐齐。有一年，75位诺贝尔奖获得者在巴黎聚会，有个记者问其中的一位获奖者："在您的一生中，您认为最重要的东西是在哪所大学、哪所实验室里学到的呢？"他说："是在幼儿园里。"看到大家惊讶的表情，这位白发苍苍的长者说："在幼儿园里，我学会了把自己的东西分一半给小伙伴们，不是自己的东西不要拿，东西要放整齐，饭前要洗手，午饭后要休息，做了错事要表示歉意，学习时要多思考，要仔细观察大自然。我认为，我学到的全部东西就是这些了。"可见，秩序感会影响人的一生。

幼儿园的一日生活是非常有规律、有秩序的。我们在《幼儿教师清单保教理论与实务》里，特别为教师提供了一日生活所有环节的清单要点。比如，提醒教师在相对固定的时间进行相对固定的活动，活动结束前进行有效提示，这些都是在培养孩子的秩序感，通过一种规范的模式来培养孩子的习惯，建立和完善孩子内在的秩序。秩序也包括时间秩序和空间秩序。比如，在家庭生活中，孩子每天按时起床、吃饭、游戏、睡觉，将玩具、生活用品、衣服等摆放在固定的位置。这些都能让孩子感受有秩序的生活，养成良好的生活习惯。但现实生活中，由于生活节奏快，家长也比较忙碌，忽略了家庭生活中的细节秩序，对孩子秩序感的建立也会有一定的影响。

⭐ 四、家长的角色

（一）父母的情绪对孩子的影响

爱德华·特罗尼克教授是哈佛大学著名的婴儿研究学者，他曾进行过一个"面无表情"实验。这个实验要求妈妈使用慈爱的表情与温和的语言和婴儿互动。此时，婴儿非常开心，并手舞足蹈。过了3分钟，研究人员要求妈妈转过脸去，再转回来时需要面无表情地看着婴儿。当婴儿再次看到妈妈的表情时，婴儿立刻呆住了。之后，婴儿试图用刚才和妈妈互动的方式，让妈妈再次和他互动，但妈妈依然面无表情。反复几次后，婴儿开始焦虑起来，开始把手放进自己的嘴里缓解紧张的情绪。过了一段时间，发现妈妈的表情依然没有改变，婴儿开始哭闹。这个时候，妈妈赶紧使用慈爱的表情与温和的语言，婴儿慢慢不哭了，逐渐变得快乐起来。这个实验证明，孩子的情绪容易受到成人情绪的影响。

作为成年人，在生活中我们也可以感受到，当父母之间发生争吵时，如果问题并没有得到真正解决，那么即使父母假装和好，并强装微笑和我们在一起，我们也依然能感觉到气氛不对。在孩子成长的过程中，父母的情绪和态度及家庭的氛围都会影响孩子，尤其是当父母因为养育孩子的观念不一致发生争吵时，孩子会自责，他会觉得是自己不好才引发了父母的争吵。父母之间的情绪变化会给孩子造成很多不利的影响。首先，孩子会不安及焦虑；其次，孩子会捣乱，因为孩子感觉到威胁，想通过捣乱转移父母的注意力，使父母把关注点放在孩子的身上。如果父母长期关系紧张，那么孩子会缺乏安全感，成年后甚至出现情绪障碍、人际关系障碍等。

1. 生活中常见的场景

（1）夫妻关系不和，生活中经常发生争执，有时会把情绪发泄到孩子身上。

（2）家庭氛围紧张，发生任何事情时，家庭成员都会大声说话或夫妻中的一方经常抱怨并反复唠叨。

（3）父母的情绪不稳定，高兴的时候就和孩子一起玩，不高兴的时候就会训斥孩子。

（4）父母和祖辈生活在一起，教育理念不一致，家里人常因孩子的问题而当着孩子的面发生争执。

（5）全职妈妈独立带养孩子，对孩子的期望比较高，或者要求比较完美。孩子达不到要求，妈妈就会有情绪。

（6）爸爸工作比较忙，给予妈妈的支持很少，甚至没有支持，导致妈妈的情绪不好，有时妈妈就会抱怨。

（7）由于各种的原因，在母乳喂养期间，妈妈突然终止母乳喂养，孩子没有经历从母乳喂养到人工喂养的过渡。因为担心孩子营养不良，所以妈妈会有焦虑的情绪。

2.不当的方式可能对孩子造成的影响

（1）情绪不稳，经常焦虑。

（2）缺乏安全感。

（3）对周围的环境适应速度慢。

（4）人际关系不良。

（5）对事物往往会有双重的标准。

（6）不自信，当需要自己做决定的时候，往往不知道如何处理。

3.执行方案清单

（1）营造和谐的家庭氛围。任何时候父母都要控制好自己的情绪，营造和谐的家庭氛围。当父母情绪不稳定时，可以暂时远离孩子，等情绪稳定后再和孩子在一起。

（2）不在孩子的面前争吵。家里人不要当着孩子的面发生争执，尤其不要因为孩子的问题而争吵，这会让孩子产生自责的情绪，孩子会感觉是自己不够好才引发了家人的争执。

（3）不要自责。父母的状态和表现会影响孩子。每个孩子都有自己的成长规律，孩子的成长受很多因素的影响，不要机械地按照书本的标准给孩子做评估，一旦达不到标准就认为自己没有照顾好孩子，就会焦虑担心。只要孩子精神状态好，一切正常，就没有问题。

（4）关注孩子的情绪变化。如果孩子经常情绪不好，那么家长应该思考陪伴孩子的方式是否正确。如果孩子的正常需求不能得到父母的回应，孩子就会通过不当行为如发脾气、哭闹等引起父母的关注。父母应注意适时改变和孩子相处的方式。

（5）关注孩子对父母的情绪的感知。孩子对情绪的感知很敏感，安静平和的情绪能使孩子感觉到安全感，紧张的情绪会引发孩子的焦虑和不安。无论发生什么情况，不要对孩子说"我为了你付出了很多，放弃了很多"等。其实，孩子真正需要的不只是父母认为的付出，而是对孩子内在需要的真正关注。

（6）提供情绪管理的示范。父母若情绪不好，可以给孩子说："妈妈（爸爸）现在心情不好，需要安静一会儿，3分钟后妈妈（爸爸）再陪你，好吗？"这时，父母可以去洗把脸，做几个深呼吸等。这就是情绪管理的方式。自己平静下来之后，可以和孩子分享自己不愉快的经历，让孩子理解爸爸妈妈也会有情绪，有情绪很正常。

（7）进行情绪释放活动。孩子和大人一样都会有不好的情绪，有的时候很难说清楚是什么。父母可以和孩子一起通过活动释放自己的情绪，如快速走或跑步、在家里吊起沙袋打拳击、用力拍打沙发靠垫或进行枕头大战等。

4.孩子的行为告诉我们：避免坏情绪影响孩子

孩子在成长的过程中会模仿行为，也会模仿情绪。如果父母和孩子在一起时有不愉快的情绪，那么孩子也会模仿父母的情绪。管理好自己的情绪是一个人成熟的标志，不管发生任何事情，父母都要学会管理好自己的情绪。《2016年中国亲子教育现状调查报告》中指出，家庭中的教育焦虑问题不可忽视，87%左右的家长承认自己有过焦虑情绪，其中近20%有中度焦虑，近7%有严重焦虑。父母不好的情绪会不自觉地发泄到孩子身上，对孩子产生不利的影响。其实，每个人都会有情绪，有情绪很正常，重要的是怎么管理好自己的情绪。孩子也会通过模仿父母学会如何管理自己的情绪。因此，父母情绪管理的方式对孩子有重要的作用。父母避免消极情绪的有效方法是，不管什么事情，都要看到其积极的方面，合理制订工作和生活计划，给自己安排放松的机会，因为过度的疲劳和压力很容易激发消极的情绪。

（二）表扬与鼓励对孩子的影响

家长经常会夸孩子聪明伶俐和认真努力，这两种说法看似没什么区别，却会培养出两种不同性格的人。在接待咨询家长的时候，几乎所有的家长在说完孩子的问题后都会补充一句："老师，其实我的孩子是很聪明的。"但很少有家长对我说他的孩子很认真、很努力。其实，生活中，家长在和孩子沟通时使用的语言，在不经意之间很可能对孩子的性格产生决定性的影响。有资料显示，经常被说聪明的孩子可能会被塑造成具有完美型性格的人，而经常被说认真和努力的孩子，其性格更具有可塑性。

我们在夸奖孩子聪明伶俐时强调的是孩子的智力天赋，但天赋是孩子无法掌控的。经常被说聪明的人在日常生活中不愿意做更多的尝试，他们害怕失败，如果失败了就会感觉自己不聪明，内心的承受能力比较差，经常会抱怨是客观条件不好才导致自己失败的，认

为成功的道路就是直线型的。经常被说认真和努力的人会关注自己的努力，更愿意通过各种方式尝试，更在意事情的过程，并不执着于事情完美的结果，会从不同的角度看问题，会客观地看待成功与失败，认为成功的道路是螺旋上升的。

1. 生活常见的场景

（1）家长经常对孩子说："宝宝最聪明了！"

（2）不管孩子做什么事情，家长都对孩子竖起大拇指，说"你真棒！""你真厉害""你真了不起"等。

（3）孩子做任何事情都会得到物质奖励，这样的做法让孩子感觉做事就是为了得到奖品。

2. 不当的方式可能对孩子造成的影响

（1）经常被说聪明的孩子：做事追求完美；不愿意尝试新的事物；害怕失败，注重结果，不注重过程。

（2）经常被说努力认真的孩子：更自信，也愿意尝试新的事物；相对于结果，更注重过程；即使失败了，也会接纳自己，认为自己没有尽到最大的努力，一旦有机会，自己一定会成功。

3. 执行方案清单

（1）鼓励具体的做法。日常生活中，不要急于表扬孩子的行为。如果表扬，那么一定要具体，针对具体的事情来说，如"你的书桌真整齐""你把玩具角收拾得很整齐"等。孩子只有通过具体的事件才能客观地了解自己的能力，提升自我认知。

（2）不要事事表扬或者随口表扬。孩子自己走路，家长说"你真棒！"；孩子自己喝水，家长也说"你真棒！"。生活中，家长不要轻易表扬孩子，尤其是孩子完成了本来应该完成的事情或者承担了应该承担的责任等，不需要被表扬，但是家长可以和孩子分享做事的过程。

（3）慎用物质奖励。孩子每做一件事情，父母都要表扬孩子或者给予孩子奖励。长期这样，会让孩子觉得做任何事情都是有条件的，很难激发孩子的主观能动性，孩子也会过度依恋他人的认可和评价，忽略自己的能力和感受，从而缺乏自信。当然，并不是说家长不应给予任何的奖励，而是要把握奖励的原则。

4. 孩子的行为告诉我们：说法不同，影响不同；努力和认真是生存的资本

心理学家做过这样的实验。选择 10 岁左右的孩子若干名，并将其随机分成两组。实验人员对一组孩子说"你们很聪明"，对另一组孩子说"你们很努力"。然后，分别给他们相同的考试题目，让他们同时作答。

第一次，给他们简单的题。结果是大家都做了，没有区别。

第二次，提供了两道题目，一道简单，另一道比较难。孩子们可以选择任何一道题目做，也可以都做。结果是被告诉聪明的一组，50% 的人选择了简单的题来做；而被告诉努力的一组，90% 的人两道题目都做了。

第三次，给他们的都是难题。孩子们可以选择做还是放弃。结果是被告诉聪明的一组，50% 以上的人都选择了放弃；而被告诉努力的一组，80% 的人都选择了做，他们更享受解题的过程。

这个实验说明，被告诉聪明的孩子更注重结果，不愿意尝试，害怕失败；而被告诉努力的孩子更享受过程，愿意尝试，不害怕失败，并且相信自己有能力解决问题。

在我们举办的家庭沙龙上，一位妈妈分享了和女儿之间的一段对话，有一定的借鉴意义。

有一天，女儿很郑重地说："妈妈，问您一个严肃的问题。我的同学和老师，还有其他很多人，他们都说我很聪明，但是您从来没有说过我聪明，我到现在也不知道自己到底聪明不聪明。"

妈妈也很郑重地问她："那你觉得自己聪明吗？"

女儿："我觉得还可以。"

妈妈："我没有说过你聪明，但我经常说你什么呀？"

女儿："经常说我努力和认真，还有善于坚持。"

妈妈："其实你还算聪明。"

女儿高兴地问："是吗？"

妈妈："是，但你更努力和认真，最重要的是能够坚持不放弃。"

女儿兴奋地说："所以我很自信。"

从母女俩的对话中，我们可以获得什么信息呢？孩子确认自己的能力最重要的依据是家长的评价，孩子认为家长的话是最真实的。所以，在和孩子沟通的过程中，不要给孩子贴标签，不管是负面的标签还是正面的标签，关注过程比关注结果更重要。

（三）要接纳，不要评价

爱孩子首先要接纳孩子，接纳孩子的所有，不仅包括孩子的优点和特长，而且包括孩子的缺点和错误。接纳了孩子后，家长就少了评判、命令及指责，不会强迫孩子做他不喜欢的事情，而是会选择尊重、理解、信任和支持。当孩子感受到被尊重和被信任时，孩子会充满力量，勇敢地面对生活中的一切问题。孩子也会在和家长的互动中，学会接纳自己和管理自己，客观地对待周围的人和事。在我们的调查问卷中，大部分家长都表示在和孩子沟通或日常互动时，自己能做到接纳孩子，会站在孩子的角度想问题。当让家长说出具体事情和情景时，我们发现很多情况下家长并没有真正做到接纳和理解孩子，还是会对孩子进行评价。有的时候，家长担心自己说错了，在和孩子沟通和相处时，会变得小心翼翼，反而造成了不和谐的亲子关系。究其原因，家长认为自己的经历就是经验，担心孩子做不好、做不到，或担心孩子受到挫折等，为了彰显权威和证明对孩子的爱，总会不自觉地给出评价。

1. 生活中常见的场景

（1）2～3岁的孩子经常发脾气，家长给孩子讲道理，希望孩子好好说话，但是孩子却不知道怎样说话才是好好说话。

（2）孩子有自己的想法，但尝试了很多次没有成功，希望得到家长的支持。有时家长会说，"试了这么多次都没成功，不如干点其他有意义的事吧"，让孩子感觉自己什么都做不好。

（3）家长平时给予孩子的限制很多，导致孩子的某些能力受限，但家长又希望孩子事事都能做好。

（4）孩子特别想要的东西家里没有，于是，家长开始给孩子讲道理。最后，讲道理变成了训话，家长还会翻旧账，使孩子无所适从。

（5）孩子和小朋友一起玩竞争式的活动，如跑、跳、拍球等，虽然已经尽力了，但依然没有取得自己期待的成绩，比较沮丧。这时，家长会说孩子不用心或者说"你本可以拿第一的"。家长忽略了孩子努力的过程，只关注结果，让孩子感觉只有争第一，家长才开心。

（6）家长经常跟孩子讲要努力学习，但孩子却说："我已经很努力了。"

2. 不当的方式可能对孩子造成的影响

（1）依赖他人的评价来判断自己的能力。

（2）喜欢评价他人的行为，并且经常使用消极的语言。

（3）对事情缺乏判断的标准，经常犹豫不决。

（4）缺乏自信，有很强的依赖性，不敢自己做决定。

（5）处理某些事情时，总感觉自己无能为力，有时会无助、烦躁。

3. 执行方案清单

（1）接纳孩子所有的感受。当孩子对我们说出自己的感受时，如果不知道该对孩子说什么，就安静地陪伴孩子，让孩子自己通过说或哭来调整情绪。当孩子有情绪时，家长安静的陪伴就是一种理解和爱。

其实，孩子的问题根本不是问题，他们只是希望通过各种方式得到家长的关注，或希望通过某种方式达到其他的目的，只是方式不当而已。所以，家长要站在孩子的角度看问题，如专注地听孩子说、专注地陪孩子玩等。

（2）和孩子一起讨论需要共同完成的事情。和孩子讨论需要家长和他共同完成的事情是什么，让孩子感受到家长的支持和信任。不要以成人的标准评价孩子的行为。

（3）家长要反思自己的行为。尤其是当孩子提出某些要求时，家长会习惯性地判断孩子又在无理取闹。要思考一下孩子真正的需要是什么。

（4）确认哪些方法可以激发孩子的积极行为。思考在日常生活中，使用哪些方法可以

让孩子积极配合，并自觉遵守规则。可以重复使用这些方法。

4. 孩子行为告诉我们：接纳、理解和爱会给孩子成长的动力

有一本书的书名为《最重要的事，只有一件》，它可以引发我们思考并关注当下最重要的事情是什么。面对孩子时，我们首先要接纳孩子的感受，而不是做出判断和评价。评价孩子要比接纳孩子容易很多。接纳需要我们按照孩子喜欢听的方式去说，也需要我们按照孩子喜欢听的方式去听，也就是说，要站在孩子的角度看世界。

在一次"沟通与合作"的体验式家长沙龙活动中，我们还原了日常生活中和孩子讲道理的场景。第一次体验时，让家长使用"你怎么""给你说过了"等语言；第二次体验时，让家长使用"是吗""哦""原来是这样啊"等语言。活动结束后，大家真正体验到只有接纳孩子的感受，才更容易让孩子控制自己的行为。在孩子成长的过程中，家长要接纳孩子所有的情绪和行为。当孩子的行为得到尊重时，他就会形成自我约束力，自觉遵守规则，并通过重复正确的行为，建立自觉的行为，塑造优秀的人格品质。

（四）帮助孩子顺利度过入园焦虑期

准确来讲，本部分应该讲述如何帮助家长度过入园焦虑期，因为孩子的焦虑在很大程度上来自家长。孩子该上幼儿园了，很多家长会觉得自己的孩子自理能力还不够。在幼儿园，孩子能否吃饱饭？会不会被欺负、受委屈？会不会哭？孩子哭的时候教师会如何对待孩子？孩子适应一个新的环境需要一定的时间，要想孩子平稳地度过适应期，家长和幼儿园教师需要积极配合。现实生活中，家长的焦虑程度往往高于孩子，孩子焦虑的程度与适应时间和家长有直接的关系。

1. 生活中常见的场景

（1）孩子还没有去幼儿园，家长在家里就开始喋喋不休地给孩子讲道理，"在幼儿园要听老师的话""好好吃饭，好好睡觉"等，人为地给孩子制造焦虑。

（2）由于家长对孩子过度照顾，孩子不会自己吃饭、如厕、穿衣等，以至于家长总担心孩子照顾不好自己。

（3）孩子平时很少和小朋友一起玩，家长担心孩子不会和小朋友相处，也担心孩子受欺负。

（4）家长认为孩子胆小，不敢向教师提出自己的要求，或者认为孩子太活跃，担心教师不喜欢自己的孩子等。

（5）在送孩子去幼儿园的路上，家长不停地嘱咐孩子"一定要乖、听话""不听话教师就不喜欢你了"等，好像告诉孩子他要去一个很可怕的地方。

（6）家长送孩子到幼儿园后，在教室外偷偷地观察，担心孩子哭。一旦孩子哭，家长就立即走进教室，紧紧地抱着孩子，以至于孩子哭闹的时间更长。

（7）孩子一哭，家长就不送他去幼儿园了。长期这样，孩子就找到了不去幼儿园的借口。

（8）家长接孩子时，一看到孩子就急不可耐地抱住孩子，问孩子"吃饱了吗？睡觉了吗？想妈妈了吗"等，还有的家长会问"有小朋友打你吗？"，让孩子感觉，幼儿园内会发生很多可怕的事情，造成孩子心理紧张。

2. 不当的方式可能对孩子造成的影响

（1）经常莫名其妙地焦虑。

（2）不喜欢参加集体活动。

（3）不善于和他人交往。

（4）适应环境的速度比较慢。

3. 执行方案清单

（1）选择适合孩子的幼儿园。在认同幼儿园教育理念的前提下，家长给孩子选择幼儿园的首要标准应是孩子喜欢。孩子喜欢的幼儿园就是最好的幼儿园。此外，不要看装修得是否豪华，也不要看评定的结果，应该观察一下幼儿园教师之间以及幼儿园教师和孩子之间的关系，因为只有和谐的、充满爱的环境才有利于孩子的身心健康发展。

（2）带孩子去参观。选择好幼儿园以后，可以带孩子去参观，提前让孩子感受一下幼儿园的环境，和主班教师接触一下。有的幼儿园要求教师对所有新入园的孩子进行家访，一方面了解孩子的生活习惯及性格特点，另一方面让孩子熟悉一下教师，帮助孩子建立

起对教师最初的信任。

（4）上学路上应保持愉快的情绪。在送孩子去幼儿园的路上，不要一再叮嘱孩子在幼儿园应注意哪些事情，因为太多的叮嘱会增加孩子的心理压力。和孩子一起欣赏路边的风景，让孩子感觉去幼儿园是很正常的事情。

（5）平静地再见，快速地离开。到了幼儿园门口，平静地和孩子告别后，就要离开，即便孩子哭，也要离开。家长待的时间越长，孩子哭得越凶。把孩子交给教师，并相信教师有能力陪伴好孩子。

（6）保持平静，分享快乐。接孩子的时候也要保持平静，不要又搂又抱，并问很多问题，这会使孩子感觉在幼儿园受到了不公平的对待，影响孩子的情绪。对于入园不久的孩子来说，家长可以鼓励他分享幼儿园中让人觉得开心的事。但是若孩子不说，也不要强迫孩子。

（7）家园一致的重要性。积极主动地配合幼儿园的管理和要求，这有利于幼儿园为孩子提供更好的生活环境。积极参加幼儿园举办的家庭教育讲座，这是家庭了解幼儿园教育理念和教育模式的最好方式。

4. 孩子的行为告诉我们：相信孩子本来就具有很强的适应能力

任何人适应一个新的环境都需要一定的时间。去幼儿园是孩子真正独立的开始，虽然有教师的照顾，但很多事情都需要独立完成，如自己吃饭、自己睡觉等。因此，孩子需要时间过渡一下。孩子焦虑的程度和适应时间在很大程度上受家长焦虑情绪的影响。面对有入园焦虑的孩子，很多幼儿园都有自己独特的解决方案。例如，针对小托班的新入园的孩子，教师会让家长准备一张孩子和家长的合影，贴在孩子的小床上或孩子的书包上，这样会让孩子感觉家长一直在身边，教师也会对有特殊需求的孩子进行有效的管理，如安排其在教师的身边，以便随时给予孩子需要的关注；针对入园后不睡觉的孩子，提供舒适的区域，让孩子保持安静，并逐渐过渡到顺利入眠等，使孩子适应幼儿园的生活。当然，这些都需要幼儿园专业的管理培训和管理模式作支撑。不管如何，既然选择了这所幼儿园，家长就要相信这里的教师会把孩子照顾好，也要相信孩子会很快适应幼儿园生活。这种信任感会带给孩子无限的力量。

模块四　积累与成长

孩子的成长就是一个漫长的积累过程。孩子通过日常生活中的点滴积累，了解自己的能力和需要。哈佛大学的泰勒·本－沙哈尔在《幸福的方法》一书中详细介绍了 MPS 模式，即通过意义（meaning，什么带给我意义？），快乐（pleasure，什么带给我快乐？）和优势（strengths，我的优势是什么？）3 个关键问题来确定自己的人生定位。有意义的事情可以提升我们的价值感，快乐的事情可以让我们身心愉悦、充满活力，发挥优势可以让我们更加自信。这些也是孩子成长的过程中不可缺少的部分。我们需要关注孩子的优势和特长，关注孩子体验到的快乐，通过有意义和有价值的事情，让孩子有足够的自信和成就感。本模块的内容同样是对家庭调查及托幼机构的反馈进行的梳理，从日积月累、快乐成长两个维度提供了可参考的执行方案清单。通过这些内容，我们希望家长可以关注到孩子生活中各种体验的积累，提升孩子的自我认知，感受生活的意义和价值，激发孩子内在的动力。此外，我们还需要关注以下几个问题。

　　孩子的优势和特长是什么？

　　什么是最能让孩子感到快乐的事？

　　怎么做才能更好地发挥孩子的优势和特长？

　　如何激发孩子内在的动力？

　　如何做到有计划、有规律地生活？

　　如果希望孩子有计划、有规律，那么家长应该做出哪些改变？

　　另外，本书反复强调了有计划、有规律的生活的重要性，如让孩子有准备地结束自己的活动。因为这些会让孩子更好地把控自己的生活，更好地发挥自主性，也可以让孩子更加专注地做更多更有意义和有价值的事情。这种方式也同样适用于我们成年人。

⭐ 一、积累与成长清单要点

表 4.1 是对积累与成长清单要点的呈现。

表 4.1　积累与成长清单要点

主题		清单要点	核心价值
（一）日积月累	1. 关注孩子的兴趣	（1）对孩子的事情感兴趣 （2）让孩子自己找答案 （3）让孩子主导自己的活动 （4）尊重孩子的特长 （5）不要把学习成绩作为衡量孩子的唯一标准	兴趣是快乐学习的基础
	2. 关注孩子天生的学习能力	（1）允许 4~8 个月的孩子吃手或咬玩具 （2）提供丰富的触觉体验 （3）提供丰富的视觉感知 （4）提供丰富的听觉刺激 （5）允许孩子体验更多	早期的感官体验就是孩子未来学习的驱动力
	3. 让孩子体验快乐	（1）欣赏孩子的快乐行为 （2）经常和孩子有身体接触 （3）满足孩子的好奇心 （4）让孩子体验到支持和力量 （5）不要批评和指责孩子 （6）家长要反思自己的态度和行为	幼年的快乐是一生快乐幸福的源泉
	4. 重视孩子的提问	（1）积极回应孩子的提问 （2）鼓励孩子从不同角度观察和提出问题 （3）不要给孩子标准答案 （4）向孩子求助 （5）关注过程，而不是结果	解决问题的方式取决于幼年的经历

主题		清单要点	核心价值
（一）日积月累	5.关注孩子生活中的专注	（1）提供有序的环境 （2）在什么地方做什么事，确保孩子不受其他因素的干扰 （3）把孩子活动的过程当作学习和工作的过程来对待 （4）让孩子过有计划的生活 （5）让孩子有准备地结束活动 （6）不催促孩子 （7）回忆也是专注力的体现 （8）保证足够的运动	专注是提升做事品质的根本
	6.让孩子学会欣赏自己	（1）玩照镜子游戏 （2）让孩子有挑选衣服的权利 （3）和孩子一起欣赏他的作品 （4）和孩子一起欣赏一幅画或听好听的音乐 （5）不要盲目地赞美孩子 （6）让孩子说出感到最开心的事 （7）分别说出各自最喜欢的东西	幸福来自内心的自我欣赏
（二）快乐成长	1.让孩子爱上读书	（1）给孩子选择图书时应遵循的原则 （2）在家中营造读书的氛围 （3）培养孩子的阅读习惯	阅读的最终目的是让孩子喜欢读书
	2.幽默是生活的智慧	（1）和孩子一起玩捉迷藏、藏猫猫等游戏 （2）和孩子一起讲笑话 （3）和孩子一起表演 （4）和孩子一起欣赏漫画 （5）进行动作模仿 （6）和孩子一起猜谜语或说反义词 （7）使用幽默的语言 （8）经常制造惊喜	幽默源于生活中的细节，源于积极的生活态度

续表

主题		清单要点	核心价值
（二）快乐成长	3. 想象和破坏是创造的开始	（1）欣赏孩子的奇思妙想 （2）允许孩子拆卸玩具 （3）提供充足的材料 （4）理解孩子不愉快的情绪 （5）允许孩子按照自己的想法表达自我 （6）控制环境，不控制孩子	尊重孩子从"破坏"中学习的过程
	4. 关注孩子的独立宣言	（1）允许孩子独立吃饭 （2）关注孩子说"我的""不" （3）允许孩子独立穿衣服 （4）叫孩子的大名 （5）鼓励孩子试试 （6）给孩子独立解决问题的机会 （7）让孩子对自己的事情负责 （8）给孩子独处的时间和空间	尊重孩子与生俱来的独立性
	5. 接受授权是责任心建立的开始	（1）独立吃饭、喝水是孩子最早体验的自我服务 （2）让孩子整理自己的玩具角和其他物品 （3）让孩子承担一定的家务 （4）不要随意表扬孩子 （5）注意东西分类和归位 （6）适当授权给孩子 （7）以身作则	责任感来自最初的自我服务
	6. 拒绝是接纳内心的开始	（1）不要强调听话的孩子就是好孩子 （2）帮助孩子遵守简单的规则 （3）允许孩子拒绝 （4）客观看待孩子的逆反 （5）允许孩子试错和纠错 （6）不以成人的标准来要求孩子 （7）避免脸谱化教育	拒绝是接纳自己的开始

主题		清单要点	核心价值
（二）快乐成长	7. 个性决定不同的精彩人生	（1）关注孩子的个性和特点 （2）关注孩子的优势和特长 （3）给予孩子选择的机会和权利 （4）要考虑到孩子幼年的行为对他一生的影响	孩子99%的成功体验来自家长1%的改变
	8. 重视孩子解决问题的能力	（1）相信孩子的能力 （2）鼓励孩子尝试挑战 （3）鼓励孩子与小伙伴交往 （4）引导孩子从不同的角度思考问题 （5）和孩子一起寻找解决问题的方法 （6）和孩子一起讨论遇到突发事情时该怎么办 （7）让孩子体验没有玩具怎么玩	生活即教育，经历丰富经验
	9. 不要过度关注技能或特长学习	（1）慎重选择各种早教课 （2）关注关系的建立比关注课程本身更重要 （3）不以自己的兴趣决定孩子的兴趣 （4）最重要的学习是日常生活中的体验和积累	关注技能与特长的同时，不要忽略孩子的软实力
	10. 生活中不可忽视的因素	（1）科学的孕期自我保健 （2）关注新生儿的第一口食物 （3）提供有秩序的环境 （4）不要把零食当作正餐食物，尤其是膨化食品和饮料 （5）任何测评都只是参考 （6）规律地生活 （7）家庭中的核心关系是夫妻关系	不要忽略生活中的细节对孩子终身的影响

⭐ 二、日积月累

（一）关注孩子的兴趣

　　牛牛是一个虎头虎脑的男孩子。在一次集体活动时，教师出示了一张画有人脸的图片，并提问："小朋友们看看，这个人的脸上都有什么呀？"小朋友们纷纷回答"鼻子、眼睛、嘴巴"等。这时，牛牛很认真地说："还有痘痘，我妈妈脸上就有痘痘。"孩子对生活中细节的观察和兴趣远超出我们的预期。有时，生活中那些被我们忽略的问题，对孩子来说却具有很强的吸引力。

　　兴趣是最好的教师，愉快的学习过程会激发孩子的学习兴趣。孩子不爱学习，往往是缺乏兴趣，没有获得学习带来的成就感导致的。相关研究也表明，学习的好坏，20% 与智力因素有关，80% 与习惯、兴趣、性格等非智力因素有关。现实生活中，很多孩子对电子游戏感兴趣，有些孩子甚至玩得废寝忘食。很多家长咨询，如何让孩子把更多的时间用在学习上，而不是玩游戏上？为什么游戏对孩子有这么大的吸引力？除了好玩外，还有一个原因是游戏的每一关都设计了奖励环节，过关次数越多，奖励越多，孩子在游戏中获得的成就感也就越多。即便做不好，也没有人责备他们。但日常生活中，家长往往以自己的兴趣决定孩子的兴趣，忽略了孩子真正的兴趣。我们曾针对刚走上工作岗位的大学毕业生就大学专业的选择做过一个简单的调查。结果显示，有相当一部分人所学的专业既不是自己选择的（多是父母代为选择的），也不是自己最喜欢的，所以毕业后不喜欢从事与所学专业相关的工作；但是，选择与自己喜欢的专业相关的工作时，自己却没有优势。因此，很多人在做自己的职业规划时比较纠结。虽然我们调查的范围和人数有限，但在某种程度上反映了现实中存在的状况，也应该引发大家的思考。

1. 生活中常见的场景

　　（1）孩子经常好奇地问家长这是什么、那是什么，或者为什么。家长由于忙于自己的事情，或不回答，或心不在焉地回答，或不耐烦地教训孩子："哪有那么多为什么！"

　　（2）孩子在做游戏时，家长为了让孩子顺利完成，急于告诉孩子答案。

（3）家长按照自己的爱好给孩子选择兴趣班。孩子要学自己喜欢的，家长却不允许，觉得孩子不懂，认为孩子选择的课程没有意义。

（4）家长经常拿自己的孩子和别人家孩子作比较，"你看小明多棒，琴棋书画样样会，你就知道瞎玩（孩子喜欢运动）"，让孩子感觉怎么做都达不到家长的标准。

（5）将考试成绩作为衡量孩子的唯一标准。"只要考一百分，我就给你买喜欢的玩具 / 允许你参加活动。"当过度关注孩子的学习成绩时，家长会忽略孩子其他方面的优势。

（6）在生活中，很多家长口头禅是"赶紧给我去练琴""赶紧给我去学习"等。这种表达方式让孩子感觉自己是在为家长做事情，是在执行任务。这样的说法也会影响孩子真正的兴趣。

（7）家长看到孩子在做重复的事情，如玩重复的玩具和游戏时会阻止，认为孩子应该多体验新的活动，但忽略了孩子的兴趣。

2. 不当的方式可能对孩子造成的影响

（1）讨厌学习，没有成就感。

（2）认为如果学习成绩不好，自己就不好。

（3）缺乏有效的学习方法，对学习缺乏动力和兴趣。

（4）有逆反心理。

3. 执行方案清单

（1）对孩子的事情感兴趣。如果希望孩子对某件事情感兴趣，那么首先要对这件事情感兴趣，以吸引孩子的关注。即便这件事情在家长看来很无聊，家长也要表现得很好奇。家长的反应能够激发孩子的兴趣。

（2）让孩子自己找答案。只要孩子不求助，就不要给予孩子指导，更不要急于告诉孩子答案。不要干扰孩子的自我学习过程。对孩子来说，所有的问题都没有标准答案。家长要让孩子尝试自己寻找解决问题的方法，告诉孩子即便失败也没有关系，以激发孩子的探索欲望，体验成就感。

（3）让孩子主导自己的活动。让孩子选择自己喜欢的兴趣班，不要强迫他。不过，这

并不意味着放任不管，而是在可能的情况下让孩子感受到自己有选择的权利。

（4）尊重孩子的特长。不要将自己的孩子与其他孩子进行比较，更不要拿别人擅长的方面和孩子不擅长的方面进行比较，这种比较会影响孩子自信心的建立。孩子的发展是不均衡的，每个人都是独立的个体，兴趣、爱好都不相同。

（5）不要把学习成绩作为衡量孩子的唯一标准。对孩子来说，所有的活动都是学习，只是方式不同。丰富的活动会激发孩子对生活的热情和兴趣。过程比结果更重要，方法比道理更重要。

4. 孩子的行为告诉我们：兴趣是快乐学习的基础

孩子天生具有好奇心，看看这里，摸摸那里，在和周围环境的互动中，寻找自己感兴趣的事情。孩子的兴趣不是家长的兴趣。兴趣不是被逼出来的，当孩子成为事情的主导者，在过程中感受到自己的能力、体验到成就感，兴趣自然而然地就被激发出来。但在生活中，家长对孩子有太多的控制，不相信孩子的能力，感觉孩子的选择不符合我们对孩子的期待，希望孩子按照我们设计的轨迹成长，很少顾及孩子真正的兴趣和爱好。这样的方式一方面影响孩子的自我判断力，另一方面让孩子缺乏主动性，因为孩子感觉所有的事情都是被控制的，没有主动权和选择权。比如，很多孩子小时候会说"我妈让我先画画再玩玩具"等，完全被动地执行家长制订的计划；等他们长大后，也常常会将"我妈说……"挂在嘴边。因此，当孩子自己做出选择后，家长要给予孩子有力的支撑，帮助孩子实现理想。当然，这里所说的给孩子自主权并不意味着不对孩子进行任何的约束，而是在遵守规则的前提下，给予孩子选择权和决策权。

（二）关注孩子天生的学习能力

孩子一出生就具有学习能力，但有时，孩子的某些学习行为会被家长认为是不良习惯的表现，进而受到不恰当的制止或干涉。比如，最常见的是，4~8个月的婴儿在吃手或咬玩具，我们会认为这种行为不卫生，是不好的行为，会禁止或努力纠正。

3个月之前的孩子的生存能力大多依赖于先天的反射，如吸吮反射、握持反射、拥抱反射等，这些反射也体现了孩子的学习能力开始发展。吸吮反射是最早的触觉学习，帮助孩子建立安全健康的依恋关系。握持反射是最早的运动学习，锻炼肢体的协调性。这些反射可以使孩子的大脑储存一些经验。这些反射会随着孩子的成长而逐渐消失，被孩子的主动能力取而代之。比如，吸吮反射被主动吸吮及咀嚼能力代替，握持反射被主动抓握代替，拥抱反射被双手的主动合作代替。所以，家长要根据孩子不同阶段的能力，给孩子提供能力体验的机会，在体验的过程中帮助孩子积累经验，同时提升孩子的自我认知能力。

1. 生活中常见的场景

（1）4个月以后的孩子喜欢吃手或身边所有的东西，这是孩子最初的探索性行为。孩子在这个过程中积累经验，判断什么是可以吃的、什么是不可以吃的，但往往被家长制止。

（2）刚出生孩子的手被戴上手套或被藏在长长的衣服袖子里，这样做的目的是防止孩子受凉或抓破自己的脸。这种做法可能影响孩子的抓握及手的触觉学习。

（3）面对刚出生的孩子，家长害怕光线影响孩子的眼睛，会在孩子的房间里拉上窗帘。即便孩子在清醒的状态下，房间的光线也很灰暗。家长这样做忽略了适当的光线会刺激孩子视觉的发展。

（4）面对刚出生的孩子，家里人都不敢大声说话，更不会发出其他声音，但却忘了听觉的刺激也能促进孩子的感官学习。

2. 不当的方式可能对孩子造成的影响

（1）幼年时不喜欢动手的活动，长大后也不喜欢做手工活动。

（2）单纯依靠听觉时不能判断熟悉的物品是什么。

（3）对周围的环境适应速度比较慢。

（4）缺乏主动学习的积极性。

3. 执行方案清单

（1）允许4~8个月的孩子吃手或咬玩具。及时给4~8个月的孩子添加辅助食品，把握好添加的节奏和频率，注意辅助食品的质地和数量，以满足孩子的味觉及口腔黏膜触觉的发展需要。另外，给孩子准备适宜的玩具，丰富孩子的日常活动，也就是说，使孩子的

注意力专注在更有意义的事情上。本书多次提到了这个内容，因为在孩子的成长过程中，很多方面和它有关，如语言表达能力的发展、良好饮食习惯的养成等。

（2）提供丰富的触觉体验。在安全的情况下，可以让孩子触摸所有安全的物体。不要忽略孩子自由活动中触觉的自我满足，孩子随意触摸到的东西，都会让孩子产生触觉记忆。同时，激发孩子对周围环境的兴趣。

（3）提供丰富的视觉感知。让孩子感知自然光线，在自然光线下看图片、绘本等，欣赏周围的环境及自然界的风景。《童年清单》一书里就有一条清单，即让孩子在窗口张望（注意安全），观察大街上、小区内来往的人和车辆，观察窗外的风景在不同的季节有什么不同。

（4）提供丰富的听觉刺激。通过儿歌、故事、对话等，让孩子感知不同节奏、不同音高的声音。多听既有利于孩子储存语言信息，又有利于孩子提高听觉敏感性及方位感，促进孩子未来听觉专注力及分辨能力的发展。生活中，家长还可以给孩子多听古典音乐，不必要求孩子必须听懂，目的是培养孩子对音乐的魅力的感知。

（5）允许孩子体验更多。在安全的情况下，允许孩子按照自己的方式做事情。给予3岁以内的孩子选择权，和3岁以上的孩子讨论做事的方式，让孩子体验到自己是事情的主导者，激发孩子的好奇心和探索欲。

4. 孩子行为告诉我们：早期的感官体验就是孩子未来学习的驱动力

0~3岁是孩子脑细胞发育的最佳阶段，这个时期的大脑具有天才般的吸收能力。0~3岁的孩子有很多看不见的能力在迅速发展，他们处于潜意识学习阶段。孩子会以惊人的速度将自己看到的、听到的照单全收。孩子的大脑就像摄像机一样，把在环境中听到的、看到的东西无条件地储存在自己的大脑里，所经历的事情也会像海绵吸水一样被全部吸收。孩子会对路边的花花草草、树叶树枝或小石子等感兴趣，也会对成人觉得没有意思的活动，如爬上爬下、钻到犄角旮旯里等感兴趣。这些经历都是孩子自我学习的过程，都储存在他们的记忆里，对其今后的行为习惯养成及性格形成有一定的影响。

早期的感官体验就是孩子未来学习的驱动力。本模块的目的是提醒我们是否关注了孩子早期的体验，是否关注了早期体验对孩子的影响。在托幼机构里，确实有部分孩子对某些活动不主动，经常对教师说"你来，你来"，害怕自己做不好或根本不愿意动手（如吃饭，等着教师喂，不喂不吃）。在和家长的沟通中，我们发现这些行为和家庭带养方式有直接的关系。事实告诉我们，孩子的很多能力并不是教会的，如果孩子养成了被教的习惯，孩子就会变得被动，也没有兴趣。要给予孩子环境和机会，让孩子在主动学习的过程中激发内在的学习动力，实现能力的积累。

（三）让孩子体验快乐

有人观察到，孩子平均每天笑的次数为成人的几十倍，在成人看来微不足道的小事都可以让孩子乐不可支。有一次活动中，一个1岁左右的孩子在玩不倒翁时笑得前仰后合，他天真的笑声感染了周围的人。其实，孩子的快乐很简单，也许是因为自己独立吃到一口饭，也许是因为够到了想要的玩具或捡起了地上的纸片。曾经有一句口号是：快乐是一天，不快乐也是一天，为什么不天天快乐呢！快乐的情绪很多来自生活中不经意的体验，对孩子来说，更是如此。

1. 生活中常见的场景

（1）处于婴儿期的孩子会反复敲打或摇响玩具，听到声音就会开心地大笑起来。但家长嫌孩子太吵了，就去制止孩子，却没有告诉孩子在什么时候、什么情况下才可以这样玩。

（2）孩子反复把玩具扔出去，看到玩具落地就很开心。家长害怕摔坏东西，就把孩子手里的东西拿走，不允许他扔，却没有告诉孩子哪些玩具可以扔着玩。

（3）孩子喜欢模仿家长做家务，如模仿家长的样子拖地，并且乐此不疲，但家长认为这不是学习行为而加以制止。

（4）孩子给家长反复讲述一件让自己兴奋的事情，却被家长打断，家长认为这样的小事情没什么值得说的。或者孩子的某个行为引起大家哈哈大笑，他会故意重复这个行为，但也会被制止。

（5）孩子和小朋友一起在小区里开心地、疯狂地跑来跑去，满身是汗或者全身沾满泥巴。这会被家长制止。

（6）很多小朋友会一起开心地大声喊叫，有时会边喊叫边做各种好玩的动作。家长认为孩子的这种行为不礼貌，会制止孩子。

2. 不当的方式可能对孩子造成的影响

（1）不懂得如何调整自己的生活，找不到生活中的乐趣。

（2）对待事情的态度比较消极。

（3）不喜欢和他人交往，总觉得自己不如他人。

（4）不愿尝试新事物，担心自己不能完成。

3. 执行方案清单

（1）欣赏孩子的快乐行为。不管孩子的行为看上去多么幼稚，只要孩子是安全的，孩子的行为是符合规则的，家长就要允许，因为快乐源于内心成功的体验。我们仔细观察就会发现，孩子的快乐很简单，也许是找到了沙发后面的乒乓球，也许是看到了一个飘在空中的气球，也许是有人模仿孩子的行为，这些都会让他很开心。在安全的情况下，如果孩子感觉这种事情能够让他开心，那么家长可以和孩子一起互动，让孩子体验到和家长在一起的快乐。

（2）经常和孩子有身体接触。孩子很喜欢在爸爸妈妈身边蹭来蹭去，如果父母经常抚摸或者拥抱孩子，即便拍拍孩子的肩膀或头，孩子也会非常开心。这些行为会让孩子感受到来自父母的爱和安全感，孩子更容易感到快乐。

（3）满足孩子的好奇心。让孩子做我们的老师，我们要带着好奇心看待孩子的行为。家长可以带着孩子走出去，看看大自然里有什么，带孩子走进植物园、动物园、艺术馆、博物馆等，和孩子一起发现有趣的东西。陪伴会让孩子感受到家长对自己的爱，会让孩子有无比的自豪感和幸福感。

（4）让孩子体验到支持和力量。即便对孩子的困惑不能理解或不能提供帮助，也要让孩子觉得家长在他们身边，会随时给予他们支持和力量，这会让孩子有足够的安全感。

（5）不要批评和指责孩子。家长对待孩子的态度和方式决定了孩子看待自己的态度。如果孩子做错了事，家长需要和孩子一起讨论下次该怎么做才不会出错，找到解决问题的方案而不要纠结于事情本身。

（6）家长要反思自己的态度和行为。对待任何问题都应该有积极的方式，因为家长的生活态度会影响孩子的生活态度。家长是最好的榜样。

4. 孩子的行为告诉我们：幼年的快乐是一生快乐幸福的源泉

美国心理学家埃利斯创建的情绪 ABC 理论指出，A 是激发事件，也是引发情绪和行为后果 C 的间接原因，而直接原因则是个体根据对激发事件 A 的认知和评价而产生的信念 B。简单地理解就是，A 是事情的前因，C 是事情的后果，B 是导致后果的桥梁。虽然事情相同，但是由于人的理念不同，对事情的评价与解释不同，结果也会不同。情绪 ABC 理论认为，人的情绪困扰源于不合理信念和认知。比如，日常生活中，父母对孩子的要求不符合孩子的生理特点，高于孩子的能力或忽略孩子的兴趣爱好，当孩子表现不良时，反而认为是孩子自身的问题导致的，进而产生焦虑情绪。

孩子不快乐的原因在于家庭的紧张氛围和家长给予的压力，即家庭氛围不和谐。每个家庭都对孩子有很多的期望，不少家长从婴幼儿期开始就让孩子学唐诗、学外语，给孩子报各种学习班，特别关注孩子知识的学习和特长的发展，却忽略了生活中很多活动给孩子带来的快乐体验。我们不反对知识学习，但不要把知识的掌握水平作为衡量孩子的唯一标准。如果孩子在幼年时没有快乐的生活体验，那么成人后对学习和生活的体验也会受到一些影响。有研究表明，生活乐观的人不易患抑郁症，在学习和工作中比较容易获得成就感。

（四）重视孩子的提问

孩子的大脑中好像储存了"十万个为什么"，他们喜欢打破砂锅问到底。孩子爱提问，是好奇心和探索欲强的表现，这也是孩子积累经验、激发学习兴趣的过程。很多时候，我们希望孩子不会遇到任何的问题和挫折，希望孩子的成长一帆风顺，但是我们忽略了孩子解决问题的过程会给他们带来成就感和自豪感，孩子的自信心源于每次成功的体验。生活中仔细观察就会发现，其实孩子出生就具有解决问题的能力。比如，新生儿会努力吮吸妈妈的奶头来满足自己的生理需要，几个月的婴儿经过努力把自己的手指放进嘴里来缓解自己焦虑不安的情绪。孩子在生活中喜欢提问题，也喜欢自己解决问题，孩子对于未知的东西总是充满好奇。比如，稍大的孩子希望建一个城堡，他们会很积极地讨论、做计划，寻找需要的材料，为了完成目标他们甚至会不吃不睡，这时的孩子并不在乎是否有表扬和奖励。如果他们在建构城堡的过程中遇到了问题，并且自己解决了问题，那么孩子会感到兴奋和满足，变得更加自信和坚定。

1. 生活中常见的场景

（1）1岁半左右是孩子的好问期，他指着一个又一个物品，希望家长告诉他这是什么、那是什么。家长刚开始还能耐心地告诉孩子，时间一长就失去了耐心。为了使孩子安静下来，家长让孩子看电视或电脑，这样就打断了孩子的提问。

（2）家长给孩子讲故事，孩子不停地问为什么，家长生气地说："哪有那么多为什么呀？再问就不讲啦！"于是，孩子压抑自己的想法，不敢再问。

（3）家长的口头禅是："听话的孩子就是好孩子。""你看小明多听话，你怎么这么不听话！"这样的表达会让孩子认为大人说的都是对的，不能有自己的想法。

（4）家长经常对孩子说："在家要听父母或听爷爷奶奶的话。""在学校要听教师的话。""在单位要听领导的话，即便提建议也要三思而行。"

2. 不当的方式可能对孩子造成的影响

受教育方式的影响，孩子会形成"听话"的乖孩子性格。这会对孩子产生以下影响。

（1）没有个性、小心翼翼、人云亦云，学习上或工作上缺乏创新。

（2）做事不坚持原则。

（3）不知道如何向他人求助。

（4）为了顺从他人的意志，经常压抑自己，做老好人。

（5）性格比较脆弱。

3. 执行方案清单

（1）积极回应孩子的提问。即便不知道答案，家长也应该对孩子的提问有积极的回应。可以把问题交给孩子，看孩子怎么解决。即便看上去很不靠谱，也要充满期待，激发孩子的探索欲望。

（2）鼓励孩子从不同角度观察和提出问题。家长可以和孩子一起从不同的角度观察一个物体，看看它都像什么，并且和孩子一起描述，看看还能做什么等。引导孩子从其他的视角观察，让孩子说出自己所有看到的和想到的信息。

（3）不要给孩子标准答案。所有的事情都不只有唯一的答案，因此，不要给孩子所谓的标准答案，要引导孩子找出多种解决方案，并讨论哪个是最佳方案。

（4）向孩子求助。向孩子提问并让孩子说出解决方案，如"我的钥匙忘带了怎么办？""我也累了怎么办？"等。这种对话方式可以启发孩子的思考，锻炼孩子解决问题的能力。

（5）关注过程，而不是结果。家长要对孩子的所有事情充满好奇，可以问孩子"你是怎么看到的，我怎么没有发现？""你这么快就做完了，效率非常高，怎么做到的？"等。给孩子分享过程的机会，这也是孩子梳理做事情的逻辑、了解自己能力的过程。

4. 孩子的行为告诉我们：解决问题的方式取决于幼年的经历

一项对事业成功的人士的调查发现，这些人的一生一直致力于两件事：一件事是不停地向周围的人提问，另一件事就是自己寻找答案。曾任哈佛大学校长的劳伦斯·萨默斯说：当今世界的成功人士，他们的特别之处不在于掌握了很多知识，而在于他们思考问题的方式，在于他们能把很多东西综合在一起的方式，在于他们能够看到人们从前看不到的模式。

有效提问能够启发孩子思考。例如，家长和孩子玩积木时，如果问孩子"今天我们搭个什么呢？"，那么孩子可能就要思考是搭建楼房、城堡、火箭还是火车等；如果家长说"我们一起搭建楼房吧"，那么孩子的思维就会被限定在如何搭建楼房这一个问题上面了，这就限制了孩子的想象。

享誉世界的日本指挥大师小泽征尔在一次重要的比赛中，在指挥的过程中发现一个音节有错误，他停下指挥棒，向评委提出疑问。评委毋庸置疑地回答乐谱没有错误，让他继续指挥乐队演奏。但演奏时他发现还是不对，又一次跟评委说这个音节一定错了，并说出了自己的理由。这时，全体评委为他鼓掌，并告诉他，确实是在乐谱里故意设置了这个错误，就是要看看他能否发现。

质疑是孩子探索的开始，也是创造的动力和源泉。家长应该重视孩子的疑问，并和孩

子一起寻找答案。要允许孩子对已知的问题提出疑问，要鼓励孩子验证答案。因为这说明孩子在主动思考。教育的最高境界，不仅是传授给孩子知识和技能，而且应启发孩子思考。教师的教学只有启发孩子更多的思考和激发孩子更多的兴趣，才是成功的教学，这样的教学才能培养创新型人才。

（五）关注孩子生活中的专注

孩子生来就有专注力。比如，孩子小的时候会专注地看喜欢的东西（人脸及图形）；随着年龄的增加，孩子专注的事情更加多样，如专注地玩沙子和水、专注地画画、专注地观察蚂蚁搬家等。生活中，我们常常听到家长的抱怨："叫你好几遍了，没听见吗！"但如果孩子是在专注地做事情，没有受到外界的干扰，那么这时家长应该欣赏孩子的行为。

1. 与专注力相关的因素

（1）孩子成长的秩序。孩子有自身成长的内在秩序，如果秩序被打乱，孩子就会感到不舒服，会产生不安全感。在不安全的情况下，孩子很难专注地做事。

（2）孩子的生理特点。不同年龄的孩子专注的时间不同。孩子的注意力分为有意注意和无意注意。3岁之前的孩子以无意注意为主，因为孩子做事没有目的性；3岁后有意注意逐渐发展。1岁半的孩子集中注意力的时间为5分钟左右，2~3岁为7~8分钟，4~6岁则为10~15分钟。

（3）孩子的兴趣。孩子对自己感兴趣的事情很专注，但大脑长时间兴奋，也容易疲劳。

（4）周围的环境。周围的环境会影响孩子内在秩序的建立，安全、适宜、有秩序的环境更利于孩子专注力的发展。

2. 生活中常见的场景

（1）随意堆放玩具，忽略了混乱的环境会影响孩子的专注力。

（2）孩子一边吃饭，一边看电视或玩玩具。

（3）孩子在专心地玩游戏或玩具，家长突然有事要出门，在孩子没有任何准备的情况下，不由分说地抱起孩子就向外走。孩子有可能被这种突如其来的动作吓着，也会因被突然打断而感觉不舒服，导致哭闹。但家长却不理解孩子为什么会哭闹。

（4）家长认为只有认真学习才需要专注力，忽略了孩子仔细观察一件东西的时候也需要专注力。

（5）孩子认真地回忆一件事或者帮忙找东西。这是孩子无意注意的体现。

3. 不当的方式可能对孩子造成的影响

（1）经常坐不住，注意力不集中。

（2）做一件事情时往往坚持不下来。

（3）经常忘记自己要做的事情。

4. 执行方案清单

（1）提供有序的环境。把孩子的东西分类放置，并放在固定的地方，定期整理，保持整齐整洁。有序的环境有利于孩子专注力的培养。

（2）在什么地方做什么事，确保孩子不受其他因素的干扰。例如，在餐桌上吃饭时，不要看电视，更不要把玩具拿到餐桌上，以免孩子边玩边吃，因为吃饭同样需要专注力。玩玩具一定要在玩具区域里进行。

（3）把孩子活动的过程当作学习和工作的过程来对待。当孩子专注地做事情时，不要轻易地打扰孩子，更不要按照成人的思维去纠正孩子的行为。尊重孩子的年龄特点。

（4）让孩子过有计划的生活。和孩子一起制订生活计划，让孩子知道今天一天都要做什么，或者某个时间段要做什么。清晰的计划和目标利于孩子专注地做每一件事。

（5）让孩子有准备地结束活动。当孩子在专心地做自己的事情时，家长若有紧急的事情需要出门，并且一定要带上孩子的话，要告诉孩子还有3分钟或者5分钟就要出门了，让他开始准备收拾玩具。有效的提示一方面不影响孩子的专注力，让孩子感受到尊重；另一方面让孩子看到自己所做的事情有了阶段性的结果，体验到了成就感，有利于孩子行为习惯的养成。

（6）不催促孩子。不要因孩子的动作慢而催促孩子。当孩子专注地穿衣服、系鞋带或系扣子的时候，家长要等孩子自己系上鞋带或扣子，除非孩子要求帮忙，否则家长不要插手。

这个过程对孩子很重要。

（7）回忆也是专注力的体现。和孩子一起回忆故事中的情节，说说故事里发生了什么。回忆和孩子曾经去过哪些地方，那里有什么，在那里经历了什么。孩子只有专注地听或想，才能回忆起当时的情景。

（8）保证足够的运动。良好的运动协调性是提高专注力的基础。要保证足够的、丰富的运动，满足孩子身体运动协调能力的发展。

5.孩子的行为告诉我们：专注是提升做事品质的根本

我们在有关"专注与尊重"的体验成长的家长沙龙中，通过模仿孩子游戏的方式让家长体验孩子的感受。我们在每一组安排了一个辅导教师，要求辅导教师在家长进行活动时，态度温和且不停地给予家长指导。其中一次活动中，一位家长对指导教师说："老师，这么简单的事情我可以做到，你能不能不说话？"还有一位家长，因为教师要求她重新做一个不同的橡皮泥作品差点发火。在分享与讨论环节，家长们分别说出了通过这次体验成长的活动，认识到了在孩子成长的过程中自己给予了哪些不当的干预。

孩子专注力的培养来自生活中习惯的养成。我们往往认为只有孩子在学知识等情况下才需要专注力，玩玩具和谈话是不需要专注力的。要知道游戏状态中的孩子的专注力同样重要。孩子的专注力就是在生活中不经意之间培养起来的。

（六）让孩子学会欣赏自己

如果要欣赏他人，那么首先要欣赏自己。我们在做家长讲座和教师职业培训的过程中，做过很多次现场调查。我们给大家3~5分钟，让大家分别写出自己的10个以上的优点和缺点。大部分人认为自己的优点是善良、热情、善解人意、具有合作精神等，没有人认为按时吃饭、下班按时回家是优点。如果在规定的时间内，让家长写出自己孩子的10个以上的优点和缺点，那么家长会很快地写出缺点，不少家长根本找不出自己孩子的优点。同样，家长也觉得孩子按时睡觉、放学按时回家、吃饭不挑食、自己收拾书包等日常行为均算不上是优点。其实，恰恰是这些具体的行为，使孩子养成好的生活习惯，这些是成就孩子未来的资本。我们往往不会欣赏自己生活中本有的好的行为，认为只有拥有远大的理想、具有努力奋斗的精神才是优点。但这些优点都是通过日常生活中的具体行为积累起来的。

只有让孩子有良好的自我感觉，孩子才能学会自我欣赏。有研究机构选择了美国、韩国、加拿大、芬兰、西班牙等国家的若干名13岁的孩子开展了一场标准化数学比赛，最后一道考试题目是：谁最擅长数学？比赛的结果是韩国孩子的成绩最好，美国孩子的成绩最差。有意思的是最后一道题目的答案，虽然美国孩子的成绩最差，但68%的美国孩子认为自己最擅长数学。[1] 这也许就是家庭教育的结果。他们自己喜欢，也享受过程，虽然成绩不是最好的，但他们自我感觉良好，这源于内心的自信。当然，我们也要避免毫无根据的自我感觉良好，避免孩子妄自尊大。

1. 生活中常见的场景

（1）大部分孩子没有机会自己选择喜欢的衣服，都是妈妈要求穿什么，孩子就必须穿什么。

（2）孩子对周围的环境很好奇，不停地指着周围的物品，希望家长说出这些物品的名称及特点。但家长总是心不在焉或不耐烦地应付孩子。

（3）孩子反复穿自己的衣服，并喜欢照镜子。孩子经常问："我漂亮吗？"

（4）家长担心孩子骄傲，很少赞美孩子。

（5）孩子非常高兴地把自己的手工或绘画作品展示给家长，并告诉家长这是鱼或小鸟。但家长却说制作得或画得不太像。有的家长甚至会把孩子的作品扔进垃圾筐。

（6）孩子摆好积木或制作好其他手工作品，兴致勃勃地邀请家长来观看，家长却说："这是什么呀？不太像，你重新做一个更好看的吧。"

2. 不当的方式可能对孩子造成的影响

（1）不自信，缺乏激情，不愿尝试新事物，觉得自己做不好。

（2）不知道什么是适合自己的。

---

[1] 参见 TalBen Shahar：《哈佛大学公开课：幸福课 爱情和自尊》，https://open.163.com/newview/movie/free?pid=M6HV75506&mid=M6I43FT2U，2021-03-22。

（3）希望尝试但又担心自己会失败，内心矛盾。

（4）容易抱怨。若事情没有做好，首先怪罪他人，从不认为是自己的问题导致的。

（5）不会欣赏他人的行为，用消极的语言评价他人。

3. 执行方案清单

（1）玩照镜子游戏。和孩子一起玩照镜子的游戏。让他自己说出镜子里自己的可爱之处。如眼睛有神、牙齿整齐等。

（2）让孩子有挑选衣服的权利。把孩子的衣服按季节分类，以方便孩子选择，让孩子选出自己喜欢的衣服。良好的外在形象有利于孩子自信心的建立。还可以让孩子说出爸爸或妈妈穿什么衣服最适合。

（3）和孩子一起欣赏他的作品。在家里给孩子留出一块固定的地方，把孩子的作品放在他可以看到的地方，这有利于孩子欣赏自己的作品。听孩子介绍他自己的作品。

（4）和孩子一起欣赏一幅画或听好听的音乐。让孩子说出自己的看法，或者让孩子说说他看到了什么或听到了什么。引导孩子从不同的角度观察物品或场景，让孩子说出不同。经常引导孩子观察和讨论美好的事物，培养孩子对美好事物的感知。

（5）不要盲目地赞美孩子。赞美孩子一定要客观，并要针对一件事情，让孩子体验到是自己的能力而不仅是外表得到了欣赏，如"你今天穿衣服只用了3分钟，这就是效率高的表现"。

（6）让孩子说出感到最开心的事。比如，帮助别人捡东西，给别人让路，安静地等妈妈等。

（7）分别说出各自最喜欢东西。家长和孩子一起说说各自最喜欢的东西，并说出喜欢的理由。

4. 孩子行为告诉我们：幸福来自内心的自我欣赏

比尔·盖茨的成功离不开他有一位有智慧的妈妈，任何时候妈妈都会欣赏他的行为，并为比尔·盖茨的行为找出正当的理由。作为家长，我们要欣赏孩子的行为，让孩子自我感觉良好。只有欣赏自己，才能欣赏他人，欣赏周围的一切。学会欣赏，才能使你的生活更加丰富多彩。

⭐ 三、快乐成长

（一）让孩子爱上读书

我们的很多习惯都源于幼年的经历。在幼年时，每个人都有阅读的热情，但引导的方式不当和家长的急功近利，很容易导致孩子失去阅读的兴趣。在一次"培养孩子的阅读习惯"的沙龙上，一位妈妈分享了她和女儿一起阅读的经历。女儿9个月的时候，她抓着女儿的小手，帮助女儿用食指在图书上移动自己的手指，给女儿读上面的文字和图画；1岁半左右的时候，女儿会慢慢地在图书上移动自己的手指，让妈妈给她讲故事。这位妈妈还收集了一些女儿平时活动的照片、女儿的涂鸦以及杂志上的图片，并和孩子一起制作图书，在书上正式地写上女儿的名字，将书陈列在了书架上。以后每天讲故事，女儿拿的一定是写有自己名字的那几本。阅读自己制作的书让她很有成就感。

我们在很多次关于家庭教育的讲座上做过现场调查，调查对象大多是学龄前儿童的家长。

问题：你给孩子选择书的最简单的标准是什么？

家长回答：不是很清楚，要好看的。

问题：怎样才算好看呢？

家长回答：图画好看。

问题：选择字数多的还是字数少的？

家长回答：选择字数多的，因为这样便于孩子认识更多的字。

问题：如果有世界名著和一般的绘本供你选择，你会优先选择哪一种？

家长回答：选择世界名著，因为可以让孩子懂得很多道理。

可见，大多数家长还是按照自己的喜好给孩子选择和购买图书的。

1. 生活中常见的场景

（1）家长以自己的偏好为标准选择图书，而忽略了孩子的兴趣。

（2）有些家长认为阅读就是为了认字，因此特别注意教孩子认字。他们认为认字是阅读的基础，忽略了阅读过程中的自然认读，导致孩子不喜欢读书。其实，阅读和认字是两回事。过早地强调认字，会影响孩子的阅读能力。现实情况也表明，有些孩子虽然认识了很多字，但不喜欢阅读。

（3）孩子要反复听一个故事，但家长很不耐烦，认为只有听新故事才能获得更多的知识。

（4）家长急于给孩子讲书中的道理，忽略了孩子的兴趣，导致孩子没有读书的兴趣。

（5）家长认为阅读就是给孩子看书，忽略了生活中其实随时随地都可以阅读。比如，对话、游戏、讨论等，这些活动都对培养孩子的阅读兴趣有积极的作用。

（6）家长不允许大一点的孩子（如上小学的孩子）看图画书，认为这样太幼稚了。但是，孩子是凭借变化丰富的色彩或图画，以及相应的语言文字来理解故事的。

（7）家长的书整齐地放在书架上，孩子的书被随意地堆放在一起，不方便孩子自己拿放。

（8）孩子在书店看到自己喜欢的书时，非常希望购买，但家长却说家里的书还没有看完。

（9）家庭中的阅读氛围缺失。家长没有阅读习惯，或把孩子交给电视，导致家里整天开着电视。长期看电视的孩子不喜欢看书。

2. 不当的方式可能对孩子造成的影响

（1）不喜欢读书，很难安静下来。

（2）阅读时经常错行漏字。

（3）下定决心看书，但往往很难坚持下来。

（4）有时会买很多书，但很少能看完。

（5）即便有自己喜欢的书，也不能坚持看完。

3. 执行方案清单

（1）给孩子选择图书时应遵循的原则。①给孩子选择图书的首要标准是孩子喜欢，而不是家长喜欢。②给3岁之前的孩子准备颜色单一、清晰的图片。③不要选择文字太多的图书或图片。1岁左右的孩子，尽可能选择一页有2~3个字的；2岁左右的孩子，选择一页有3~5个字的；3岁左右的孩子，可以选择字再稍多一点的。这种选择方式是适合孩子的语言发展特点的。从生理上讲，一般情况下，1岁左右是孩子的语言回音期，孩子喜欢重复一个字；2岁左右的孩子会说含2~3个字或3~5个字的句子；3岁以上的孩子会完整地表达自己的愿望。家长应根据孩子的特点选择适合的读物。④给孩子买书时，一次不要买得太多，也不要把所有图书都放在一起，这样容易干扰孩子的选择，会使孩子一本还未看完就看另外一本。⑤把图书放在孩子方便拿的地方，方便孩子随时随地翻阅。

（2）在家中营造读书的氛围。①如果家里环境允许，就给孩子准备一个图书架或图书角，并准备舒适的坐椅和靠垫；如果不允许，就在玩具角里设一个图书筐或者将书摆放在玩具架上，方便孩子拿取就可以。②最好在固定的时间、固定的地方和孩子一起读书，方便孩子的习惯养成。③家长可以练习绘声绘色地给孩子讲故事，变化语气和语调更能吸引孩子的注意力。④到书店和孩子一起挑选孩子喜欢的图书，定期更新和整理书架上的书。⑤可以和孩子一起，利用如孩子日常的涂鸦、家里人的照片或旧杂志上的彩图等制作图片书。把制作好的图片书放在孩子的书架上，并要方便孩子自己拿取。⑥和孩子一起表演故事，让孩子体验不同的角色，这种体验给孩子带来的收获比听家长讲道理更大。可以准备简单的道具，如布偶、夸张的服装、帽子或图片等。⑦在固定时间，大家独立看书，互不干扰。

（3）培养孩子的阅读习惯。除了做好书籍和环境的准备工作外，家长还需要了解孩子是如何听故事的。

第一次听：孩子只要感觉故事好玩，就会听和看，因为孩子只关注好玩的。

第二次听：大概知道了里面的人物或动物等。

第三次听：理解故事中发生了什么事。孩子会边听故事边看家长的脸，或着急翻书，想知道结果。

第四次听：会问妈妈"为什么呀"，在听的过程中梳理自己听到的故事的逻辑。

接下来，家长就进入了反复讲故事的过程。在这个反复的过程中，孩子会验证自己梳理的逻辑是否和故事中的一致，同时有自己的想法。当孩子完全理解故事且没有疑问的时候，

孩子就会主动地给家长讲，同时也会要求换新的故事听。

孩子反复的过程，就是自我学习的过程。这也就是孩子喜欢反复听一个故事，有时一个故事家长需要讲一个月，如果家长不讲孩子会哭闹的原因。在这个过程中，孩子不停地梳理、确认、验证，直到孩子完全没有疑问了，就不需要再重复了。孩子在反复听故事的过程中，一方面体验到家长陪伴的快乐，另一方面锻炼了思维推理能力。由于我们不了解孩子，感觉孩子做重复的事情很无聊，往往就会予以制止。但其实，无论是反复听故事还是重复做一件事，都是孩子自我学习的过程。

4. 孩子的行为告诉我们：阅读的最终目的是让孩子喜欢读书

阅读对孩子未来的成长很重要，我们也希望孩子有很好的阅读习惯。只有尊重孩子学习的特点，才利于孩子阅读习惯的养成。阅读的意义不在于认字，而在于体验阅读的过程和养成阅读的习惯。

（二）幽默是生活的智慧

生活中，我们很喜欢和幽默的人在一起，幽默的人不仅可以营造轻松愉快的生活氛围，而且能够化解生活中的很多尴尬。其实，我们每个人生来都拥有幽默感。不过，因为家长不了解孩子阶段性的特点，限制了孩子的活动和能力；所以，一些孩子长大后往往变得小心拘谨，丧失了原本的幽默感。

1. 生活中常见的场景

（1）4个月的孩子就表现出幽默的天赋，如和家长玩藏猫猫的游戏。

（2）1岁左右的孩子喜欢做出各种表情，以吸引家长的注意，但家长会说："样子太丑了。"

（3）会走路的孩子喜欢穿上家长的衣服和鞋子、戴上家长的帽子等，装扮成很滑稽的样子，逗大人笑，但这种行为常被家长制止。

（4）孩子故意做出滑稽的动作逗自己笑，也逗他人笑。家长认为孩子的行为不礼貌，于是加以制止。

（5）会说话的孩子经常会因自己不经意间说出的一句好玩的话或者故意说错话而哈哈大笑，但因为笑的声音太大，会被家长制止。

（6）孩子有时会悄悄走近你，如果你假装被吓了一跳，那么他会重复进行这个动作。

（7）孩子喜欢和家长玩捉迷藏的活动，但家长害怕孩子摔到、碰到，限制孩子的活动。

2. 不当的方式可能对孩子造成的影响

（1）缺乏生活的乐趣和激情。

（2）不喜欢他人和自己开玩笑，也不喜欢和他人开玩笑。

（3）朋友和自己开玩笑时，容易信以为真，有时会发生误会。

（4）太认真，所以不喜欢和他人交往。

3. 执行方案清单

（1）和孩子一起玩捉迷藏、藏猫猫等游戏。在安全的情况下，家长要积极地回应孩子发起的任何活动，如和4个月的孩子藏猫猫、模仿孩子好玩的表情、表演滑稽的动作等，引发孩子快乐的情绪。

（2）和孩子一起讲笑话。和孩子分享生活中的笑话，或当孩子跟你说了一句好笑的话时，和孩子一起开怀大笑。

（3）和孩子一起表演。比如，讲故事或叙述一件事情时，可以使用夸张的肢体动作，或者准备好玩的装饰，变化各种语气语调，和孩子一起表演，和孩子分享各自的感受。

（4）和孩子一起欣赏漫画。因为很多漫画都蕴含幽默的因素，给孩子的视觉感觉也不同于其他图画，所以，家长可以和孩子一起欣赏漫画，并和孩子讨论看到了什么。

（5）进行动作模仿。使用好玩的肢体动作模仿动画片中的人物或生活中的动物等，让孩子体验不同形式的快乐。引导孩子观察事物的另一面，和孩子讨论它们像什么，还可以用动作模仿出来。

（6）和孩子一起猜谜语或说反义词。孩子有时喜欢说反话，所以，和大一点的孩子玩猜谜语或说反义词的活动都会激发孩子快乐的情绪。

（7）使用幽默的语言。家长可以使用幽默的语言与孩子沟通。比如，孩子不愿意收拾

玩具，家长可以说，"你看那个玩具熊太胖了，走不动了。我们要不要一起把它抬回家？"；又如，当孩子哭了时，家长可以说"我家养了一只小花猫"等。这比跟孩子讲生硬的道理更容易让孩子接受。

（8）经常制造惊喜。生活中，家长可以经常给孩子制造一些意外的惊喜，让孩子体验不一样的生活。

4. 孩子的行为告诉我们：幽默源于生活中的细节，源于积极的生活态度

幽默是一种生活智慧，也是一个人，生活的态度。热爱生活的人会从事物的多方面进行观察，并获得生活的智慧。每个人都具有幽默的天分，幽默的人生活得更加乐观积极、富有乐趣。挪威的研究显示，拥有幽默感的成年人比缺乏幽默感的成年人更长寿，极具幽默感的癌症患者比缺乏幽默感的患者，死亡率低70%。[1]父母高品质的陪伴（尤其是当孩子处于3岁之内时）及轻松愉快的家庭氛围，会让孩子用积极客观的态度看待周围的任何事，有利于孩子幽默感的发展。

（三）想象和破坏是创造的开始

法国的著名导演吕克·贝松说过，童年是人类的父亲，每个人成年的经历都是他童年经历的整合。他的很多电影创意都来自童年的想象和经历。他的电影《亚瑟和他的迷你王国》就是根据他童年的幻想改编而成的。孩子的思维天马行空，不受任何条件的限制。很多时候，孩子说的是他们想象出来的东西，生活中并不存在，这也是幼年时期的孩子阶段性的特点。但大部分家长认为孩子胡思乱想、不靠谱而不予理会。

有时，孩子还表现出一定的破坏性行为，如扔东西、拆东西等。但是，孩子并不是故意的，而是因为他对这个东西感兴趣，想看看其中究竟是什么原理，进而表现出了一种探索性行为。孩子意识不到他的行为会造成什么后果，更不知道某些物品是不是非常珍贵。家长常常以成人的思维不假思索地责备或限制孩子，不经意间扼杀了孩子原有的创造性思维。

---

① 《幽默能促进健康》，载《生活与健康》，2010（7）。

1. 生活中常见的场景

（1）孩子骑上扫帚就说自己骑上了火箭，可以飞上天。家长认为这种行为太危险或孩子是在胡说八道，把玩得正开心的孩子从扫帚上拉下来。

（2）两个孩子正在交谈。一个说："我非常厉害，一口气可以把玩具吹上天。"另一个说："我更厉害，可以把楼房吹倒。"家长听到这些话后，觉得孩子是在说大话、说傻话。

（3）孩子玩着玩着，就把玩具摔在地上，想看看会造成什么结果，但往往被家长训斥。

（4）孩子经常把买来的玩具拆开，想看看玩具的内部构造，但被家长恐吓："再弄坏就不给你买了。"但其实，玩具就是让孩子玩的，怎么玩应该孩子自己说了算。

（5）孩子尤其喜欢能动的玩具，如电动的汽车、跳动的青蛙等。孩子很想知道这些玩具为什么会动，因此经常会把玩具拆了。

（6）孩子把妈妈贵重的化妆品全部倒出来，只是因为想知道瓶子里面装的是什么。

（7）孩子在家里的墙上、桌子上，甚至床单上到处乱画，感觉手中的笔非常神奇，还想知道画完以后的效果如何。

（8）可能因为家长太忙，没有充足的时间陪孩子，也可能因为家长对孩子过于严厉和冷漠，所以孩子用破坏物品来发泄情绪，希望引起家长关注。这种破坏性行为需要引起家长的重视。

（9）孩子把柜子或抽屉里的东西翻出来，有时会尝试钻进柜子里。

2. 不当的方式可能对孩子造成的影响

（1）没有创新意识。

（2）做事情循规蹈矩，不敢也不会质疑。

（3）胆小怕事，生活中缺乏激情。

3. 执行方案清单

（1）欣赏孩子的奇思妙想。如果孩子把扫帚当成火箭或飞船，那就让孩子带上他的飞船或火箭飞吧。要知道阿姆斯特朗的妈妈就是因为一句"别忘了从月球上回来吃饭"开启了他的飞天梦。

（2）允许孩子拆卸玩具。因为玩具就是用来玩的，如果玩具一直保持完好无损，那么就没有实现其真正的价值。允许孩子按照自己的方式玩玩具，不要强迫孩子按照说明书组装，这不仅会影响孩子玩的兴趣，而且会影响孩子的创造性。

（3）提供充足的材料。给孩子一张足够大的纸、足够多的颜料、一个固定的地方，让孩子在那里尽情地涂鸦和绘画。完成后，家长可以和孩子一起欣赏孩子的作品，找出每一幅作品不一样的地方。

（4）理解孩子不愉快的情绪。有部分孩子出现破坏性行为，如摔东西、踢桌子等，是为了发泄对家长的不满情绪，渴望得到家长的理解和关爱。家长要接纳和理解孩子不好的情绪，注意陪伴孩子的方式，不要控制孩子。

（5）允许孩子按照自己的想法表达自我。3～5岁是孩子的语言使用期，这个阶段的孩子具有丰富的想象力，说的话不切合实际。家长可以给孩子一个惊讶的表情，问孩子他是怎么想到的。

（6）控制环境，不控制孩子。如果怕孩子弄坏，那么，家长有必要把贵重的东西放置在孩子够不着的安全的地方并上锁。在确保安全和遵守规则的前提下，给予孩子足够的体验的机会，满足孩子的探索欲望和创造欲望。

4. 孩子的行为告诉我们：尊重孩子从"破坏"中学习的过程

卢梭说："如果说他身上破坏的倾向更为明显，原因并不在于他是邪恶的，而是破坏东西要比创造东西的速度快得多，所以更适合他们那种活泼的心性。"[①]生活中，孩子的某些破坏性行为其实是值得鼓励的，因为孩子"破坏"的过程，是一个手、眼、脑高度协调的过程，能促进孩子的思维推理能力、想象力和动手能力的发展。家长可以和孩子一起把拆开的玩具恢复原样，这样就能让孩子在破坏、探索、重建的过程中获得成就感。我们指导过一个5岁的男孩子，其家长连续给他买了7个同样的动力小汽车，每次买回来后，他都会把小汽车拆了，然后再重新组装。到买第8个的时候，他就不拆了，而是把小汽车放在了玩具柜上。他会给很多人讲小汽车的结构和功能。在这个过程中，他完成了对小汽车

---

① ［法］卢梭：《爱弥尔》，胡以娜编，24页，天津，天津人民出版社，2008。

所有的探索和研究。这就是孩子的自我学习过程。

当然，有些孩子也会有故意破坏性行为。若孩子故意摔玩具，家长应该掌握的原则是，无论他怎么哭闹都不要再给他买，也就是说，当孩子有情绪的时候，不能满足他的任何要求。有些稍大的孩子为了炫耀自己能力和胆量，会故意破坏公共场所的环境设施或他人的东西。对于孩子的这些行为，家长一定要严肃认真地告诉孩子，这种损坏公共财物或者他人东西的行为是不允许的。

（四）关注孩子的独立宣言

孩子出生时就具有独立性。新生儿在没有人陪伴的情况下，有时会静静地待一会儿，会发出声音，也会吸吮自己的手指或靠近嘴边的其他东西，以这样的方式让自己保持安静。6个月后的孩子会自己拿东西吃。1岁左右的孩子拒绝大人喂饭，他们蹒跚迈出人生的第一步，这是身体独立的开始。2岁是孩子独立性发展最快的阶段，这时的孩子出现了最初的自我概念，虽然凭自己的能力还不能完成所有的事情，但经常会说"不""我的""给我"等来表明自己的独立性。这时，家长往往觉得孩子太小，什么都做不好，觉得孩子是在添乱，于是限制孩子，甚至包办替代，长期这样就会渐渐地让孩子产生依赖。

1. 生活中常见的场景

（1）1岁左右的孩子拒绝大人喂饭。这时，家长就会抓住孩子的手或者让孩子玩玩具，进而强行喂饭。

（2）2~3岁的孩子经常说"不""我的""我要"等，家长认为孩子逆反，必须要纠正过来。

（3）3~4岁的孩子坚持要自己穿衣服、鞋子，但家长嫌孩子动作太慢，直接给孩子穿。

（4）家长认为孩子不会安排自己的时间，于是替代孩子安排了所有的活动，孩子只需要被动地执行即可。

（5）家长为了让孩子安心学习，包办了所有的事情，理由就是"只要学习好就行，其他的事情不用管"，强调听话的孩子就是好孩子。

（6）当孩子和同伴发生任何问题或纠纷时，家长都要帮忙解决，孩子不知道怎么和同伴相处。

（7）当孩子提出问题时，通常家长的做法是立刻告诉他答案，孩子没有机会自己寻找解决问题的方法。

（8）家长担心孩子遭遇挫折，很多事情都包办代替，尤其是祖辈照看孩子的时候。这就剥夺了孩子成长的机会。

（9）孩子没有独立的空间，也没有时间独处，所有的生活都被家长控制。

2. 不当的方式可能对孩子造成的影响

（1）缺乏独立思考的能力，没有主见，希望别人能提供现成的答案。

（2）听话和顺从，缺乏个性。

（3）由于幼年时被过度保护，成年后胆小怕事，不愿意和他人交往。

（4）生活中有很强的依赖性。

3. 执行方案清单

（1）允许孩子独立吃饭。一般情况下，8个月的孩子就有吃饭的意愿了。开始的时候可能一片狼藉，但孩子通过锻炼掌握了动作要领，就会逐渐做到保持干净和整洁。孩子独立吃饭不仅是为了吃饱，而且能够通过自己的能力满足自己的需要，真正体验到独立，如自己拿勺，自己端碗，自己选择吃什么等。家长一定不要忽略独立吃饭对孩子成长的积极影响。

（2）关注孩子说"我的""不"。孩子2~3岁的时候，经常会说"我的""不""我自己来"等，这是孩子希望独立的开始。在保证孩子安全的情况下，家长要给孩子体验的机会。

（3）允许孩子独立穿衣服。穿衣服的过程既是孩子身体认知和专注力锻炼的过程，也会让孩子感受到自己的能力。观察孩子穿上衣服时的表情，家长就能体会到孩子发自内心的自豪感和成就感。

（4）叫孩子的大名。尤其有重要事情需要和孩子沟通时，家长可以这样称呼孩子，让孩子感觉自己是独立的社会的人，感受到自己的重要性，也体验到自己的责任。

（5）鼓励孩子试试。不要经常对孩子说 "你不会""太慢了""你弄得太乱了"，要经常和孩子说"你去试试。如果有困难，爸爸妈妈随时可以帮助你"，这会给孩子信心和力量。

（6）给孩子独立解决问题的机会。孩子与小伙伴之间经常会发生争抢玩具的行为或其他矛盾，在安全的情况下，家长不要急于参与。争执并都不是恶意的，家长要允许孩子自己解决，这是他们成长过程中重要的经历。

（7）让孩子对自己的事情负责。当孩子要洗自己的手绢和袜子等时，家长要给他锻炼的机会。若洗不干净，家长可以悄悄再洗一遍。让孩子整理自己的玩具架或自己的房间和物品，让孩子对自己的事情负责。这些都对独立性的培养非常重要。

（8）给孩子独处的时间和空间。让孩子有时间单独思考和按照自己的想法做事情。陪伴孩子并不是时刻站在孩子的身边，而是在孩子的视线之内，确保孩子的安全性，确保可以随时帮助孩子。

4.孩子的行为告诉我们：尊重孩子与生俱来的独立性

孩子刚开始尝试独立做任何事情时，会弄得一片狼藉，这是每个人成长中必须经历的阶段。心理学家指出，当幼儿独立活动的要求得到满足或得到成人的支持时，幼儿就会表现出得意、高兴，出现"自尊""自豪"等最初的自我肯定的情感和态度，反之就会出现自我否定的情感和态度。家长要关注生活中孩子的独立意识，给孩子提供足够的机会体验自己的能力。体验的过程就是孩子成长的过程。

（五）接受授权是责任心建立的开始

托育机构的小张教师负责的班级是混龄班，最小的孩子10个月，最大的3岁。有一天，她在一次研讨会上兴奋地说，她终于理解了"责任性授权"的意义。她坚持在班里推行"每天一个值日生"的活动，并做了一个漂亮的胸牌挂在值日生的胸前，给孩子交代一下每天具体的任务。她发现，每个孩子只要戴上值日生的胸牌，就会特别主动地协助教师和小朋友，并且自己也特别遵守规则。家庭生活中同样需要责任性授权，让孩子做一些力所能及的事情。

当孩子具有这种能力的时候，家长一定要给孩子锻炼的机会。

我们常常责备现在的孩子没有责任心，不愿意承担责任。其实，孩子在幼儿阶段就已表现出各种主动承担责任的愿望，如要求独立吃饭或穿衣服、帮助家长做家务等，孩子的这些行为就是责任心的最初表现。但这个时候家长往往认为孩子太小、做不好，或者会给家长添乱，于是直接制止孩子。还有的家长认为让孩子动手干活就是不心疼孩子，因此把孩子照顾得无微不至。长期这样养育孩子就会让孩子以"我"为中心，不会承担自己的责任。现实生活中，有些孩子接受祖辈非常细致的照顾，很少有机会动手，久而久之就会比较懒散，也经常丢三落四。比如，上学忘了带课本，就抱怨父母没给自己装进书包；书本找不到了，也怪父母没有放好。孩子完全没有意识到这是自己的责任。孩子的责任心是在生活中建立起来的，通过日常活动，孩子会理解每个人都有必须承担的责任。英国教育家斯宾塞曾说，当孩子感到被爱、被信任，奇迹不久就会出现在你眼前。如果父母授权给孩子，孩子就会感受到被信任，孩子的责任感会在信任中被唤醒，孩子会对父母的信任负责，也会对自己的行为负责。

1. 生活中常见的场景

（1）3岁左右的孩子还不会自己吃饭，尤其是新入园的孩子。家长反复叮嘱教师一定要给孩子喂饭。

（2）生活中有很多孩子，当他们想喝水的时候，只需要把嘴巴伸过来，家长就会把杯子递过去，孩子根本不需要动手。不少2～3岁的孩子还在用奶瓶喝水。

（3）孩子玩完玩具后，家长很少提醒孩子整理玩具，玩具经常随意散落一地。

（4）已经上学的孩子把作业忘在家里，却怪罪家长没有收拾好书包。

（5）铅笔没有削好，孩子怪罪家长没有帮助检查好。

（6）家长事事安排和包办。孩子没有机会参与家庭中的任何事情。

（7）即便孩子提出的建议合理，也不会被采纳。家长认为家里的事情和孩子无关，孩子的事情只有一件，就是学习。

（8）家长只关注事情的结果，不关心孩子经历的过程。

（9）家长经常以成人的思维评价孩子的事情，使孩子胆怯、不敢做事，更不敢承担责任。

2. 不当的方式可能对孩子造成的影响

（1）不愿承担责任，喜欢推卸责任。

（2）很多时候怨天尤人，强调客观原因。

（3）做事情不能坚持。

（4）不自信，感觉自己做什么都不行。

3. 执行方案清单

要想培养孩子的责任心，首先要让孩子学会自我服务，让孩子多承担一些责任。

（1）独立吃饭、喝水是孩子最早体验的自我服务。孩子从 8~10 个月的时候就可以尝试自己吃饭了。虽然可能只能自己吃 1~2 勺，并且搞得很狼藉，但孩子在这个过程中会自己总结经验，如怎么拿勺子、怎么使用碗等。6 个月的孩子就可以自己捧着杯子喝水了，因为 6 个月的孩子就有了双手的合作能力。家长要明白，衣服弄脏了可以再洗，但成长的机会不会再重复。

（2）让孩子整理自己的玩具角和其他物品。整理自己的床铺，打扫房间的卫生，洗自己的小件衣服，如袜子、内衣等，并且坚持下来。

（3）让孩子承担一定的家务。孩子的成长清单里一定有做家务这一项。不要小看做家务这件事，对孩子来说，学习物品分类和空间利用，是整理思维逻辑的过程，也是整理自己生活的过程。当然，给孩子的任务要适合孩子，如果超出孩子的能力，那么可能会使孩子丧失信心。另外，不要太看重结果，过程比结果更重要。这个过程中，孩子不仅可以体验到自己的重要性，体验到责任，而且会增加孩子和家长之间的感情，这需要家长营造一种愉快的氛围。

（4）不要随意表扬孩子。大部分家长认为，如果不表扬孩子，孩子就没有动力了。但是，有科学研究证明，经常性的表扬并不利于孩子的成长。孩子完成了凭借自己的能力可以达到的、应该做的事情是不需要表扬的，如自己吃饭、自己捧杯喝水、自己走路、自己拿书包等。孩子有必要知道有些事情就是自己应该做的，没有任何的条件。

（5）注意东西分类和归位。如果孩子经常找不到东西并让家长帮他找，那么家长可以拒绝，让孩子知道自己的东西要摆放有序，以免寻找时浪费宝贵的时间。孩子的这种习惯的养成和家庭养育环境有直接的关系。家长把东西分类放置，用完后及时归位，就可以有效避免这种情况的发生。

（6）适当授权给孩子。不要把孩子当作什么都不懂的小朋友，有些事情可以让孩子做决定，如周末去哪里玩、吃什么等。让孩子主导一些事情，体验自己是"主心骨"的感受，这会增强孩子的责任心。

（7）以身作则。父母是孩子最好的榜样。父母希望孩子成为什么样的人，就要亲自做给孩子看，而不仅仅说给孩子听。

4.孩子行为告诉我们：责任感来自最初的自我服务

只有担当责任，才能有足够的自信。埃里克森认为，个人未来在社会中所能取得的工作上或经济上的成就，都与幼儿阶段主动性发展的程度有关。责任感听起来比较抽象，其实就是个体通过生活中的事情得到的经验，如将玩具放回玩具筐、自己整理玩具角等，孩子可以通过生活中的具体事情体验自己的责任。曾任美国总统的里根小时候踢足球损坏了邻居家的玻璃，他父亲为了使里根明白要对自己的过失负责，让他打了半年的零工。后来，里根把赔偿邻居玻璃的钱如数归还给了父亲。在我们看来，里根父亲的做法似乎对孩子太残酷了，但里根回忆说，正是父亲的这种做法使得他懂得了什么叫责任。[①]因此，要想培养孩子的责任感，家长应当要求孩子勇于对自己的言行负责。责任不是通过道理获得的，而是通过具体事件体验到的。责任感的培养不是一蹴而就的，它需要一个日积月累的、漫长的过程，只有在日常生活中，通过点点滴滴的积累，责任感才能一步步培养起来。

（六）拒绝是接纳内心的开始

生活中我们经常遇到这样的事情。有朋友约你出门，虽然你很不愿意前往，但碍于情面还是要赴约；有人找你借钱，虽然你囊中羞涩，但依然要慷慨解囊；有人求你帮忙，虽

---

① 《如何从小培养孩子的责任心？》，载《小读者》，2010（10）。

然你很不情愿，但为了朋友不惜两肋插刀。我们需要亲情，需要友情，因此，与亲人和朋友相处是我们生活中的一部分；但有时由于能力和条件确实有限，我们却不会拒绝，这让我们自己也很为难。这种性格的形成和家庭环境、养育方式是分不开的。生活中，"听话"已经成了好孩子的标签，大家经常说"你怎么这么不听话，你看隔壁小明多听话，让做什么就做什么"等；但我们可能忽略了，未来需要的不是一个乖巧听话的孩子，而是一个独立的有社会责任感的人。

1. 生活中常见的场景

（1）从孩子出生起，家长就开始说"宝宝听话，好好睡觉"，希望孩子成为一个听话的乖孩子，因为听话的孩子会顺从家长的意愿。

（2）家长给孩子喂饭时不停地说："听话，不要乱动，好好吃饭。"

（3）家长经常对孩子说"不听话就不给你买好吃的"或者"不带你到游乐场玩"等，通过各种方式达到控制孩子的目的。

（4）家长经常教育孩子要听教师的话，做个乖孩子。在学校，教师也喜欢听话的孩子。

（5）有些家长为了表现自己的孩子很听话，常常在外人面前冲孩子发号施令，强迫孩子顺从自己，如果孩子拒绝就会感觉没有面子。

（6）家长事事替孩子做主，如"孩子绝对可以帮忙""孩子一定会去""这个东西你拿走吧，他不用了"。

2. 不当的方式可能对孩子造成的影响

（1）遇到事情没有主见，凡事寻求家长的意见，喜欢说"我问问爸爸或妈妈"。

（2）不自信，别人让他拿主意时，他不知道怎么办。

（3）生活中容易迷失自我，别人怎么办，自己就怎么办。

（4）委曲求全，没有原则。

3. 执行方案清单

（1）不要强调听话的孩子就是好孩子。不要经常和孩子说"一定做一个听话的好孩子"。

（2）帮助孩子遵守简单的规则。遵守规则最简单的方式就是让孩子知道在什么地方做什么事、在什么时间做什么事。在遵守简单规则的前提下，让孩子自己选择做什么或者怎么做。

（3）允许孩子拒绝。如果孩子不想做某件事情，如不想在他人面前表演节目，不想把自己的玩具给小朋友玩，那么家长不要强迫孩子，要尊重和理解孩子内心的感受。

（4）客观看待孩子的逆反。孩子说"不"是宣布独立的开始，因为孩子知道自己的需要，家长要接纳孩子的想法。如果孩子想表达自己的想法，那么家长一定要听孩子说完，问一下孩子需要的支持有哪些。

（5）允许孩子试错和纠错。不要担心孩子出错，更不要担心孩子经受不了挫折，这是孩子必须经历的，重要的是看待挫折的态度。应该告诉孩子："没问题，我们再想想办法。"让孩子感受到家长的支持，并在体验的过程总结经验教训。只有经历才能让孩子对事情做出正确的判断。

（6）不要以成人的标准来要求孩子。成人会根据自己的经验判断事情的结果，而孩子还没有那么多的经历和经验，孩子的经验来自生活中的体验。孩子不是大人的缩小版。

（7）避免脸谱化教育。很多家长在教育孩子时喜欢一人唱红脸，另一人唱白脸，这种做法对孩子的成长是极为不利的，容易造成孩子的双面性。只有保持一致，才有助于孩子做出自我判断和更好地遵守规则。

4. 孩子行为告诉我们：拒绝是接纳自己的开始

这也许是受文化的影响，听话和顺从，让孩子失去了独立自主性，也失去了创新力。其实，尊重不等于顺从和纵容，拒绝也不等于伤害和控制。合理的拒绝不仅是对自己内心的需要的尊重，而且是对他人的尊重；合理的拒绝可以帮助孩子建立自己内心的界限和规则，让孩子区分出哪些是自己真正需要的，哪些是他人真正需要的。这会让孩子更加自信，不会因附和他人而委曲求全，也不会因拒绝他人而感觉内疚和不安。

（七）个性决定不同的精彩人生

在很多次管理培训的课程中，参加培训的人员都做过同一个游戏，即每个人用三种不同的方式介绍自己。第一种方式是把自己比喻成一种自己喜欢的水果，当你向别人介绍自己的时候，要说："你好！我是苹果（鸭梨、橘子等）。"第二种方式是把自己当成自己的偶像，当你向别人介绍自己的时候，要说："你好！我是××（你偶像的名字）。"第三种方式则是还原自己，也就是向别人介绍真正的自己。在这个游戏中，大家感觉最开心的是把自己比喻成水果，最有压力的是把自己当成心目中的偶像。大家一致认为，自己不可能成为自己的偶像，因为我们都认为自己和偶像之间有很大的差距。

在日常生活中，家长拿自己的孩子与别人家的孩子作比较时，是否想到了孩子内心的压力。回忆我们的童年，父母经常说："你看某某学习多好，多听话，你一定要向他学习。"可我们对于父母给我们树立的榜样，几乎没有丝毫的好感，并且也不愿意和他成为好朋友。由于榜样的存在，孩子反而没有自信和成就感。

1. 生活中常见的场景

（1）家长经常对孩子说："听话，要向小明学习，长大后要像他一样有出息。"

（2）家长把自己的愿望强加到孩子身上，希望孩子拥有很多的特长。

（3）家长经常拿自己孩子不擅长的方面和别人擅长的方面作比较，希望孩子取长补短，过多地关注孩子的短处，导致孩子没有自信。有的人一生都只关注自己的缺点，没有发现自己的优点，这样的人经常有挫败感。

（4）家长担心孩子的安全，限制孩子的活动，使孩子变得胆小，自己反而还给孩子贴上了"胆小"的标签。

（5）孩子见到陌生人时没有打招呼或表现得不热情，家长立即说，"孩子胆小，怕生人"，忽略了孩子本来就是一个喜欢安静的人。

（6）大部分人会认为学习好的孩子一切都好。

（7）用统一的标准评价所有的孩子，忽略了孩子的个性各不相同。

2. 不当的方式可能对孩子造成的影响

（1）不自信，遇到事情没有主见。

（2）不知道自己需要什么。

（3）别人做什么，自己就做什么，没有主见，更没有创新意识。

（4）习惯于依赖别人，比较懒惰。

3. 执行方案清单

（1）关注孩子的个性和特点。每个孩子都是独一无二的个体。有的孩子性格活泼，喜欢参加集体活动；有的孩子性格内向，喜欢观看活动。家长要允许孩子按照自己的方式做事情。

（2）关注孩子的优势和特长。和孩子分享他的优势和特长带来的快乐。关注孩子生活中的表现，从不同的方面和角度欣赏、鼓励孩子。比如，若孩子精力旺盛，坐不住，要告诉孩子，他做事很有激情，也很快，可以慢下来，享受一下做事的过程；若孩子做事比较慢，要告诉孩子，他做事很专注、认真，如果快一点就可以做得更多了等。

（3）给孩子选择的机会和权利。有的孩子喜欢剧烈的活动，有的孩子喜欢安静的活动。如果孩子喜欢，那么，哪怕这个活动已经重复了很多次，家长也应允许孩子进行。重复是孩子积累经验的重要方式。

（4）要考虑到孩子幼年时的行为对他一生的影响。孩子所有的经历都会储存到他的记忆里，适合的时候还会再现出来。因此，家长不仅要关注到日常生活中自身的行为对孩子的影响，而且要关注到孩子所在的托幼机构的教育理念和方法对孩子的影响。

4. 孩子的行为告诉我们：孩子 99% 的成功体验来自家长 1% 的改变

一项关于童年生活快乐与否的调查，应该引起家长和教育者的思考。被调查的 6~12 岁儿童中，有 78% 的人认为自己不开心、不快乐，其中，有 15% 的儿童会因为受到父母的训斥或责备而不开心；有 79% 的儿童认为父母比较苛刻；63% 的儿童不愿向父母求助，因为求助会招致父母的说教。[1]

人的性格各有不同，做事的方式也不同。我们能够接受成人之间的不同，却不愿意接受孩子之间差异。孩子的成长受到遗传、环境、主要看护人等各种因素的影响，同时，孩子的成长有阶段性、连续性、个体性及差异性。即便同父母的孪生兄弟姐妹，其个性也有很大的不同。孩子的成长不仅是简单的发展曲线的达标，而且是健全人格的全面发展。如

---

① 李志林：《陪孩子走过小学》，190 页，北京，中国商业出版社，2013。

果孩子的成长简单机械地按照标准考量、一刀切的话，孩子的个性就会被忽略，而人的创造潜力和性格力量都源于其个性。

（八）重视孩子解决问题的能力

我们曾为 2 岁的孩子特别设计了一个环境。我们把 2 岁孩子喜欢的积木和其他玩具放在了沙发底下，在沙发的旁边放了一根圆木棍。一个孩子希望从沙发底下拿出玩具。只见他趴在地上，伸手去够，却怎么也够不到。这时，他看着老师，老师说："需要我帮忙吗？"他点了点头，并拉着老师的手。老师学着他的样子，趴在地上伸手去够，假装够不到。这时，老师看着那根圆木棍，说："我们用这个试试怎么样。"孩子将圆木棍拿过来，用力伸向沙发底下，把玩具一一拨了出来。这期间，孩子非常专注，变换了好几种身体动作和用圆木棍的方式。

其实，孩子在很小的时候就表现出了解决问题的能力。比如，新生的婴儿会努力地吸吮妈妈的乳头以吃到母乳；4 个月的孩子会努力抓住玩具，并尝试着把玩具放到自己的嘴里加以感知；8~9 个月的孩子会努力用手指抓住小的玩具；1 岁左右的孩子会努力把小东西塞进或敲进一个洞里，并且希望把放进去的东西再拿出来。孩子的这些行为过程就是解决问题的过程。但生活中，家长并没有关注孩子的这些行为，他们会把玩具直接放在孩子手里，担心孩子会遇到挫折，影响孩子的自信心。

1. 生活中常见的场景

（1）孩子几乎所有的活动过程都是被动接受的过程，家长把玩具或其他东西放在孩子的手里，使孩子没有机会主动伸展自己的肢体。

（2）家长担心孩子咀嚼能力不足，给孩子吃过于精细的食物，导致孩子的饮食习惯不良。

（3）生活中，家长将一切包办，孩子没有机会面对生活中的问题。

（4）孩子与小伙伴之间发生争执，家长替代孩子去处理，导致孩子经常依赖家长或者喜欢告状。

（5）家长担心孩子有危险，不让孩子尝试有挑战性的活动。

（6）家长担心孩子遇到解决不了的问题会受打击，急于告诉孩子答案。

2. 不当的方式可能对孩子造成的影响

（1）缺乏自信，遇到问题不知所措。

（2）喜欢按部就班地工作，不喜欢有挑战性的工作。

（3）不善于和他人交往。

（4）自己做事不成功时，经常怨天尤人。

3. 执行方案清单

（1）相信孩子的能力。生活中不要包办孩子的事情，在安全的情况下给孩子体验的机会，如把玩具放在孩子方便拿取的地方，让孩子自己取放。

（2）鼓励孩子尝试挑战。在保证孩子安全的前提下，鼓励孩子尝试挑战性的活动。比如，在娱乐场，孩子想爬比较高的滑梯时，爸爸可以跟孩子说，"你想去吗？去试试吧！爸爸在旁边保护你"，让孩子感受到爸爸的支持。

（3）鼓励孩子与小伙伴交往。让孩子在交往或解决问题的过程中获得经验，促进孩子的社会性发展。

（4）引导孩子从不同的角度思考问题。比如，思考杯子除了可以接水还可以干什么、这双鞋子和哪些衣服搭配等。

（5）和孩子一起寻找解决问题的方法。对日常生活中的问题及孩子提出的问题，和孩子一起积极讨论并列举解决方案，和孩子一起尝试或分析哪些方案是可行的、哪些是不可行的以及还会遇到哪些问题等，让孩子决定使用什么方案解决问题，体验解决问题的过程。其间，孩子可以随时向爸爸妈妈求助。

（6）和孩子一起讨论遇到突发事情时该怎么办。如果有人找你帮忙怎么办？在大街上找不到妈妈了怎么办？提出类似的问题来启发孩子思考，并和孩子一起讨论解决方案。

（7）让孩子体验没有玩具怎么玩。我们曾经做过"没有玩具怎么玩"的活动。建议把玩具都收起来1~2天，看看在没有任何玩具的情况下，孩子会怎么玩。不管在幼儿园中还是家庭里，孩子依然会找到玩的方法，并且表现得更加专注。因为玩具太多的时候，孩子既想玩这个，又想玩那个，面临太多的干扰。

4. 孩子的行为告诉我们：生活即教育，经历丰富经验

仔细观察就会发现，其实孩子是我们的引领者，因为孩子很多做事的方式值得我们学习，如专注、反复尝试、向他人求助等。我曾经让家长记录过很多孩子遇到问题时想出来的方法。家长要关注解决问题的方法，而不是问题本身。大部分孩子缺乏解决问题的能力和应变能力的最基本的原因只有一个，那就是家长对孩子的事情包办代替得太多。作为家长，我们总是希望孩子的成长一帆风顺，不希望他经历任何的挫折和挑战，希望自己时刻守护在孩子的身边，一旦孩子有困难，随时为孩子提供需要的帮助。面对孩子的成长，我们往往有种比较复杂的心情，既希望其独立，又担心其遭遇挫折。但孩子总要长大，总要独立面对生活，独立解决问题的能力是孩子的一项必备的生活技能。

孩子拥有正确的对待问题的态度和良好的解决问题的能力是家长支持和鼓励的结果。理查德·菲利普斯·费曼是美国著名的物理学家，他获得了1965年诺贝尔物理学奖。在费曼幼年的时候，他的爸爸经常引导他思考问题，并鼓励他寻找问题的答案。为了使孩子对博物馆产生兴趣，爸爸还经常带费曼去博物馆。他的爸爸会亲自扮演外星人。"外星人"遇到费曼，会问很多关于地球的问题，如"为什么有白天和黑夜的区别啊？""为什么有气候和天气的变化啊？"。在这样的提问情境中，费曼学到了很多知识，也学会了思考。提问和讨论激发了费曼的学习热情，使他对科学和数学产生了极大的兴趣。他24岁时获得了博士学位，27岁时担任美国康奈尔大学教授，47岁时获得了诺贝尔奖。[①]

家长要允许和鼓励孩子有天马行空的想法和方案，不要限制孩子的想象力和创造力。也许正是幼年时幼稚荒唐的想法，成就了孩子了不起的一生。

（九）不要过度关注技能或特长学习

很多家长咨询过这样的问题：孩子多大发展特长合适？再不学习是不是就晚了？在孩

---

① 谭亮、张岩：《改变世界的伟大科学家》，209～215页，青岛，青岛出版社，2017。

子成长的过程中，任何时候开始都不晚，重要的是孩子喜欢。中央音乐学院的周海宏教授说过，我们的孩子"学了一门技术，恨了一门艺术"。这并不是家长的初衷。《教育的本质》一书里强调，教育的节奏包含浪漫阶段、精确阶段及综合阶段。如果刚刚理解某项事物的浪漫阶段没有结束，就进入精确阶段，那么不仅会阻碍孩子的兴趣发展，而且会影响孩子的学习动力。有资料显示，孩子长大后对学习没有兴趣或者有学习能力障碍，和其幼年时过度注重知识技能的学习有直接的关系。

1. 生活中常见的场景

（1）家长抱着婴儿期的孩子，从奥尔夫音乐班到蒙台梭利班来回奔波。最终，孩子和家长都筋疲力尽，孩子也没有足够的时间进行自由的活动。

（2）家长关注孩子能认识多少个字或会背多少首儿歌，认为这些对孩子来说是最重要的。

（3）家长强迫孩子学习不感兴趣的东西，希望孩子能够从中找到自己的兴趣。

（4）每到周末，不少孩子刚刚从某个特长班回来，放下书包，又前往其他特长班，如学弹琴、学绘画、学跳舞、学外语等。

（5）家长认为孩子只有走进教室才能进行学习。

2. 不当的方式可能对孩子造成的影响

（1）对学习没有兴趣，不喜欢学习，甚至讨厌学习。

（2）做事情没有耐心，很难坚持下来。

（3）有的孩子虽然学习成绩很好，但交往能力很差。

3. 执行方案清单

（1）慎重选择各种早教课。家长带着孩子到处去体验那些看起来很有诱惑力的特色课程，一方面使家长和孩子身心疲惫，另一方面也会增加孩子的心理负担。因为每个机构的教育理念不同，课程设计和教育环境也不同，年幼的孩子每适应一个新的环境都需要一定的时间。频繁地更换教育环境不仅会影响孩子的安全感，而且会导致孩子的不专注。

（2）关注关系的建立比关注课程本身更重要。家长带孩子去上早教课，要明确早教课的目的不仅是传授给孩子技能和培养其特长，帮助家长学会如何和孩子进行有效的互动，同时为孩子提供和小朋友交流的场所也尤为重要。家长要关注早教机构的教育理念和课程的执行模式。比如，在关注孩子的同时是否关注家长、如何关注等；学习了以后，是让你变得更加客观地看待孩子的成长，还是增加了你的焦虑和担忧？这些都是选择早教课时的参考因素。

（3）不以自己的兴趣决定孩子的兴趣。很多家长认为学什么有用就给孩子报什么班，或者通过孩子一时的表现就判定孩子喜欢这个。比如，很多2～3岁的孩子听到音乐后会拍着节拍或者摇晃身体，会模仿别人唱歌，看到钢琴等发声的乐器时也会兴奋地拍打。这是这个阶段的孩子共有的特点，并不代表孩子感兴趣。如果希望孩子学习一项特长，那么，一方面要尊重孩子的选择，另一方面，一旦选择了就一定让孩子坚持下来。其实，最后需要坚持的不仅是孩子，而且还有家长。当孩子感到厌倦和疲劳的时候，如何和孩子一起坚持下来，这需要家长的智慧。

（4）最重要的学习是日常生活中的体验和积累。生活积累和课堂教育是相辅相成的。良好的行为习惯、审美情趣、善于发现生活中的乐趣、自我管理能力和控制力、社会交往能力等，这些都是孩子应该具有的基本的生存能力。生存能力的教育都是渗透在生活中的，远比单一的知识和技能课程有价值得多。由于现代生活的压力，不少家长会不由自主地把市场经济带来的竞争意识过早地转嫁到孩子的身上，不仅给孩子造成了压力，也影响了孩子自己原有的能力和兴趣。

4. 孩子的行为告诉我们：关注技能与特长的同时，不要忽略孩子的软实力

需要说明的是，我们并不反对孩子学习特长，但是一定要尊重孩子的兴趣，同时需要父母掌握好方法。1968年，美国内华达州的一位妈妈状告其孩子所在的幼儿园，理由是她的孩子自从上幼儿园以后，看见英文字母"O"后只会说这是字母"O"，再也不会说这是一个圆、一个太阳、一块饼干了。这位妈妈认为孩子的想象力被教师抹杀掉了，要求这个州修改教育法。经过论证后，这个州的政府最终修改了教育法。这在我们看来似乎不可思议。因为很多家长都希望教给孩子点什么，认为孩子说出来的或做出来的都符合我们的标准答案才好。

2014 年，我国福建的"泡面男生"被美国罗切斯特大学录取的事情引起多方关注，校方招生官幽默地解释道，因为其对泡面狂热，所以我们相信他在其他方面也会坚持下去，并且能作为罗切斯特的一员成长得更加强大。按照我们的思维，这也太不可思议了。其实，招生官真正看重的是"泡面男生"有自己的想法、有独立思考的能力，这些正是美国一流大学希望学生具备的。这个学生吃遍了亚洲所有他能够吃到的各个种类的泡面，他并不是在单纯地吃泡面，他对泡面应该有更多的理解，关注了被我们忽略的很多东西。当然，进入这些名校学习，成绩肯定也是重要的考查方面，但不是唯一标准；创新和思考能力是孩子的软实力，也是孩子脱颖而出的关键。现实生活中的很多案例也已经告诉我们，学习好并不代表一切都好。曾经被媒体报道的某位神童 12 岁就考上了大学，几年后又成为中国科学院最年轻的博士生之一，这的确是很值得骄傲的事情。但是，这位博士在论文答辩前向父母提出了条件，要求父母为他全款买套房子，否则就不进行博士论文答辩。理由是：我从小就能满足爸爸妈妈所有的愿望，如今只提出了这一个要求，为什么不能满足？他虽有了专业学识，但却完全不能理解父母要付出怎样的代价才能满足他的这个愿望。当记者采访他的父母时，父母一脸的无奈，并不停地重复着一句话："这样做（把孩子培养成知识神童）真不是什么好事情。"

（十）生活中不可忽视的因素

据调查，1991 年，全国 0～14 岁儿童智力低下发生率为 1.2%。其中，由社会心理文化因素引起的占 10%。[1][2] 虽然目前我国的早期教育越来越受重视，但每年问题儿童的发病率却有明显的上升趋势，这些不得不引起我们的思考。

现代社会中，生活节奏越来越快，工作压力越来越大，我们所处的环境也发生着日新月异的变化。我们在享受现代物质文明的同时，也不得不承受随之而来的许多不利的影响。

---

[1] 左启华、雷贞武、张致祥等：《全国 0—14 岁儿童智力低下流行学调查　智力低下的患病率》，载《中国优生优育》，1991（3）。

[2] 左启华、雷贞武、张致祥等：《全国 0—14 岁儿童智力低下流行学调查　智力低下的病因学》，载《中国优生优育》，1991（2）。

从孩子发育成长的角度来说，一个孩子的成长会受到诸多因素的影响，如遗传因素，妈妈孕期的情绪、孕期用药等，分娩过程，孩子出生后所处的家庭环境及看护带养方式，以及所在城市的居住环境等。

1. 生活中常见的场景

（1）孕妇孕期长期焦虑、生活习惯不良或运动不足等。

（2）正常出生的新生儿，出生后第一口没有吃到母乳，而是奶粉或其他食物。

（3）家长认为精细的食物更有营养，忽略了长期食用精细的食物会弱化胃肠的部分功能，使孩子的胃肠功能减弱或不协调。

（4）家长错误地认为孩子的免疫力是通过吃大量的营养品建立起来的，忽略了均衡的营养和适当的活动是孩子身体健康的基础。

（5）家庭装修豪华，却没有孩子的活动空间，或者家长担心孩子会损坏豪华的装饰，限制孩子的活动。

（6）家长过度强调清洁卫生，限制孩子玩泥土或水等，也不让孩子参加户外活动。

（7）家长害怕孩子感冒或被传染，限制孩子参加集体活动或户外活动。

（8）孩子出门就坐车（即便很近的路），上楼有电梯，很多孩子懒得走路。

（9）忙碌的家长"合理"地把孩子交给电子产品，孩子缺乏和家长交流的时间。

（10）家长认为爱孩子就是满足孩子所有的要求，如经常给孩子买礼物，孩子要什么就买什么，没有任何的限制。孩子好像天天在过节，却没有任何的兴奋和满足感。

（11）家长包办了孩子所有的事情，使孩子认为家长做所有的事情都是理所当然的，孩子缺乏责任感。

（12）家长担心孩子不爱喝水或者认为白开水没有营养，给孩子喝自认为有营养的含有色素及防腐剂的饮料，影响了孩子的身体发育。

（13）家长非常在意孩子的各种测评报告，而忽略了孩子的个性及能力。

2. 不当的方式可能对孩子造成的影响

（1）活动受限，导致运动统合失调，学龄期有学习能力障碍，成人后有交往障碍。

（2）不善于和人沟通与交流，容易产生无名的焦虑。

（3）喜欢喝饮料和吃膨化食品，导致营养不均衡。

（4）喜欢被动地执行指令，缺乏创新。

（5）由于幼年时被过度关心和照顾，没有体验过给予的快乐，成人后会压抑自己的情感。

3. 执行方案清单

（1）科学的孕期自我保健。孕妇应适当地活动，保持愉快的情绪。这有利于胎儿的发育，对孩子出生后也有重要的影响。丈夫要给予妻子理解和支持。

（2）关注新生儿的第一口食物。不要给正常出生的新生儿吃母乳以外的任何食物，更不要一开始就使用奶瓶，防止孩子形成口唇错觉及口唇依恋行为，影响母乳喂养。

（3）提供有秩序的环境。提供符合孩子生理特点的环境，如适合爬行和自由活动的空间、家庭玩具角及玩具筐、适合孩子的日用品等，方便孩子独立活动。

（4）不要把零食当作正餐食物，尤其是膨化食品和饮料。孩子健康的身体来源于均衡的营养和良好的生活习惯。

（5）任何测评都只是参考。除非有特殊的需要，测评的结果只代表孩子此时此刻的情况。即使不通过测评，通过日常活动，你也可以判断孩子的情况。

（6）规律地生活。从孩子吃饭、睡觉、洗漱等生活常规的培养开始，让孩子养成良好的生活习惯。

（7）家庭中的核心关系是夫妻关系。夫妻关系是家庭氛围的基础，也是孩子未来建构与自己的关系和所有能力形成的基础。父母永远是孩子最好的榜样。

一致性：夫妻必须保持一致，尤其是在对待孩子的问题上。

讨论与分享：允许每个人表达自己，不判断对与错。让分享成为一种生活方式，让孩子通过分享感受父母对待事情的态度及处理问题的方式。

高品质的陪伴：父母要专注地和孩子在一起，不要看电视或手机。如果做不到每天陪伴孩子，那么也要争取每周1~2次，每次半小时，毕竟质量大于数量。尽量和孩子一起吃饭。同样，如果做不到每天在一起，那么也要争取每周2~3次。这会让孩子感觉到家庭的温馨。

阅读与音乐：营造家庭阅读氛围，和孩子一起听好听的古典乐曲，坚持下来会有意想不到的收获。

4. 孩子的行为告诉我们：不要忽略生活中的细节对孩子终身的影响

美国问题学前儿童启蒙计划的创始人布朗芬布伦纳在他的《人类发展生态学》一书中提出，个体的发展与周围的环境之间构成了四个系统，即微观系统、中介系统、外部系统以及宏观系统。微观系统是指个体亲身体验到的并与之有着紧密联系的环境，如家庭、学校、同伴等。在微观系统中，每一个因素都会对个体的发展产生积极或消极的影响，如不同的家庭对孩子的教养方式不同，个体发展的状况也不同。比如，面对哭闹的婴儿，父母能否给予积极的回应，带给婴儿的感受是不同的。得到积极回应的婴儿一般更容易获得良好的情绪体验，从而与父母建立起信任感。中介系统是指个体会受到两个或两个以上微观系统之间的相互关系的影响，如学校与家庭、家庭与邻居等。各个微观系统之间积极的配合及良好的互动，如父母和教师之间、邻里之间建立起良好的关系等，会有效地促进孩子身心的健康发展。外部系统是指在个体成长的过程中，一些对个体产生直接或间接影响的因素系统。这些看似离孩子很遥远的环境，也会影响孩子的发展，如父母工作单位的管理制度、同事关系、劳动时间和强度以及当地的教育政策等。宏观系统是个体成长所处的整个社会环境及其意识形态背景，如社会的结构、政治、经济、文化和法律，以及现代人们拥有的价值观、生活方式及教育观念等。布朗芬布伦纳的发展生态理论强调个体发展不仅会受到单一系统的影响，而且会受到各系统之间的交互影响；同时，他关注到所有系统影响的时限性，即对个体成长过程影响的历时性系统。

所以说，孩子的成长过程受到家庭、教育机构、社会环境等各种因素的影响。有时可能是不经意的一句话、一个眼神，也可能是同伴的一个拥抱或者是父母的一个礼物等，这些看似微不足道的事情或许都会影响孩子一生的选择。

⭐ 附 录

0～6岁儿童生活体验清单

"0～6岁儿童生活体验清单"（表1）是我们根据对教师与家长的调查问卷及多年跟踪的案例编写的。虽然清单不能涵盖0～6岁孩子生活的全部内容，我们也无意让所有的孩子完成清单中的全部项目；但我们想提醒家长积极创造条件，特别是当生活中出现某个情景时，能及时给孩子提供体验的机会，让孩子尽量多地接触具体的事物，拥有足够多的生活体验和经验积累，以促进孩子的学习（不只是知识与技能的学习）和发展。

这份清单列出了大多数孩子成长中都会经历的活动，这些看起来平常、普通的体验会促进孩子身心和情感的发展。为了方便使用，清单项目也是根据本书的四个模块来呈现的。需要说明的是，各项清单项目之间并没有截然清晰的界限，生活中每一项技能都是孩子综合能力的体现。希望家长关注到这些体验对孩子未来的影响，同时关注到孩子的年龄及性格特点、家庭环境等因素。在使用这份生活体验清单时，请关注以下问题。

第一，在任何时候，家长都要确保孩子是安全的。

第二，遵守规则。

第三，孩子不需要帮助时，家长不要去打扰孩子。

第四，若孩子向你求助，一定问清楚孩子需要你具体做些什么。

第五，不强迫孩子完成所有的清单项目。

第六，关注孩子的年龄及性格特点。

表1　0～6岁儿童生活体验清单

主题	清单项目	清单解读
（一）喂养与看护——生活技能	1. 8～10个月时尝试独立吃饭	体验自己的能力
	2. 1岁之内吃手或咬玩具	通过这种方式让自己安静下来，这也是一种探索行为

主题	清单项目	清单解读
（一）喂养与行为——生活技能	3. 知道自己喜欢吃什么	知道最喜欢的食物的味道
	4. 知道自己能吃多少	吃饭适量
	5. 知道父母喜欢的食物	表达对父母的关爱
	6. 懂得餐桌礼仪	小口吃饭，细嚼慢咽，随时擦嘴，嘴里有饭时不说话
	7. 帮助父母做好饭前的准备工作和饭后基本的整理工作，如摆凳子、餐具或收拾餐桌等	主动做力所能及的事情，体验自己的能力
	8. 知道厨房里厨具的安全使用方法	知道基本的常识和使用方法
	9. 饭前洗手，饭后漱口或刷牙	保持卫生清洁
	10. 知道食物有营养，如水果含有丰富的维生素	知道基本的常识
	11. 吃零食有节制	能控制自己吃零食的量
	12. 说服自己品尝一种不太喜欢吃的食物	鼓励自己接受不喜欢吃的食物
	13. 使用简单的厨具，独立做一个菜	体验自己的能力
	14. 和家人一起吃饭，若自己吃饱了，会主动打招呼后再离开餐桌	懂得交往礼仪
	15. 一起吃饭时，看到喜欢的食物，会安静地等待	控制好自己的行为
（二）沟通与交往——情感理解与表达	1. 婴儿睡醒后又安静地睡着了，或通过自己的方式让自己不哭，如玩手或咬玩具等	通过自己的方式让自己安静下来
	2. 家里人专注地听孩子说一段话或讲一件事	有表达自己想法的机会

续表

主题	清单项目	清单解读
（二）沟通与交往——情感理解与表达	3. 主动向父母或家里人表达爱，如表达对爸爸妈妈的想念之情、给爸爸妈妈端水或做其他事等	学会表达情感
	4. 按照自己的想法做事，体验自己是主导者	感受到自己的重要性
	5. 和小朋友争抢玩具或发生过肢体冲突	学会解决问题。不管结果如何，都要接纳孩子的感受，讨论下次应该怎么做
	6. 有无话不谈的好朋友	有自己最好的朋友，虽然发生过不愉快，但仍然能在一起玩，能相互之间保守秘密
	7. 接受不同人的习惯	理解每个人的不同
	8. 不用提醒，能主动说谢谢等	会主动表达自己的情感
	9. 主动承认错误并道歉	认识到自己的行为不恰当，学会担当
	10. 能表达自己的情绪，如非常生气。虽然受了委屈，但自己忍住了，没有哭	感知和控制自己的情绪
	11. 安抚过哭闹的小伙伴，如轻轻地抚摸对方或给对方一个玩具等	会理解他人的情感
	12. 非常高兴自己结交了新朋友	体验主动交往的能力
	13. 帮妈妈做家务，如整理物品、打扫卫生等	体验自己的能力
	14. 和父母一起玩过大运动量的游戏或做过比较疯狂的运动，如快跑或跳、枕头大战等	释放能量和情绪

主题	清单项目	清单解读
（二）沟通与交往——情感理解与表达	15. 在一张大纸上随意涂鸦或绘画	体验创意，表达自己的情感
（三）家庭环境与习惯养成——独立与习惯	1. 知道在什么时间做什么事、在什么地方做什么事	有时间观念，遵守规则
	2. 保护身体，如眼睛、牙齿等	主动漱口、刷牙，控制看电子产品的时间
	3. 洗自己的袜子、内衣等小物品，并随时更换，把脏衣服放到洗衣机或篮子里	养成讲卫生的习惯
	4. 选择自己喜欢的衣服	了解自己的需要
	5. 知道在不同季节穿什么衣服	了解自然常识
	6. 知道自己的东西放在什么地方，有归类归位的习惯，如将玩具放回玩具篮、书放回书架	整理物品有序
	7. 外出旅游前自己整理物品	有计划、有准备地活动
	8. 童言无忌	体验快乐的情绪
	9. 知道拒绝	体验独立
	10. 和爸爸妈妈一起制作过成长画册或给爸爸妈妈做过祝福卡片	感受温馨的家庭氛围
	11. 说自己小的时候什么样，长大后会变成什么样	感受自己成长的过程
	12. 去书店给自己买书	体验独立
	13. 组织家庭会议，当主持人	感受被关注

主题	清单项目	清单解读
（三）家庭环境与习惯养成——独立与习惯	14. 组织故事表演，分配角色	体验不同人的情感
	15. 给爸爸妈妈转达信息	体验自己的作用
	16. 自己想办法拿到了高处的玩具或沙发后面的玩具	体验独立解决问题的能力
（四）积累与成长——能力与兴趣	1. 拆卸和组装过玩具	探索奥秘，想知道构造和原理
	2. 用妈妈的化妆品打扮过自己或画过画	体验一下妈妈的感觉
	3. 穿过爸爸妈妈的衣服	模仿爸爸妈妈的样子，期待自己长大后的样子
	4. 没有玩具时也能玩得很开心	体验解决问题的能力
	5. 钻到衣柜里、桌子底下或其他犄角旮旯	体验自己的身体和空间的关系
	6. 做过简单的实验，如溶解某种物质、使天平保持平衡等	探索科学的奥秘，激发兴趣
	7. 和小伙伴一起计划过一件事	体验团队合作
	8. 堆雪人、打雪仗	体验寒冷季节中的活动
	9. 游泳	感受水的浮力，体验水中漂浮的感觉
	10. 爬过山或走过比较远的路	体验累的感觉
	11. 独立把一样相对较重的东西拿回家	感受自己的能力
	12. 有自己的爱好和兴趣，如喜欢运动或音乐等	丰富自己的生活
	13. 提出过问题，他人无法回答	体验学习和探究的乐趣

主题	清单项目	清单解读
（四）积累与成长——能力与兴趣	14. 感受到自己的变化，如长高了、有力气了等	感受自己的变化，体验成长的喜悦
	15. 坚持自己的想法，得到父母的支持	感受父母给予的力量
	16. 知道自己的优势，如做事比较快	了解自己的特点及能力
	17. 喜欢阅读和绘声绘色地讲故事	感受阅读和交流的喜悦
	18. 知道遇到危险时该怎么做	体验解决问题的能力
	19. 记住急救电话	应急措施
	20. 知道自己最喜欢的是什么	了解自己
	21. 接受批评和建议	客观地看待自己
	22. 讨论与合作	了解什么是共同利益，体验说服他人、取得合作的过程
	23. 安静地待着，什么也不做	体验放松和安静
	24. 愿意分享	体验分享的快乐

参考文献

1. Debby Cryer, Thelma Harms, Beth Bourland.《0—1岁婴儿学习活动指导手册》[M]. 鲍立铣，傅敏敏，译. 上海：少年儿童出版社，2006.

2. 多纳塔·艾申波茜.《童年清单》[M]. 赵远虹，译. 北京：北京出版社，2017.

3. 珍妮丝·英格兰德·卡茨.《促进儿童社会性和情绪的发展　基于教师的反思性实践》[M]. 洪秀敏，等译. 北京：机械工业出版社，2015.

4. Marjorie V. Fields, Patricia A. Meritt, Deborah M. Fields.《0—8岁儿童纪律教育——给教师和家长的心理学建议（第七版）》[M]. 蔡菡，译. 北京：中国轻工业出版社，2019.

5. 教育部教师工作司组编.《幼儿园教师专业标准（试行）解读》[M]. 北京：北京师范大学出版社，2013.

6. 阿图·葛文德.《清单革命》[M]. 王佳艺，译. 杭州：浙江人民出版社，2012.

7. 泰勒·本－沙哈尔.《幸福的方法》[M]. 汪冰，刘骏杰，译. 倪子君，校译. 北京：中信出版社，2013.

8. 吴汉荣.《儿童学习困难的预防及其矫治　感觉统合训练指导与案例》[M]. 武汉：华中师范大学出版社，2000.

9. 阿尔弗雷德·诺·怀特海.《教育的本质》[M]. 刘玥，译. 北京：北京航空航天大学出版社，2019.